조금 느린 아이를 위한

발달놀이 육아법

일러두기

- 이 책에 쓰인 어휘들은 대부분 널리 통용되는 것입니다.

- 아동의 발달 지연으로 개선이 필요한 문제 상황은 '과제'라 하고, 과제를 계획적으로 개선시키는 과정은 '훈련'이라고 하였습니다. 또 훈련을 도와주는 양육자나 전문가는 '훈련자'라고 통일하였습니다.

- 내용 중 일본 문화의 고유한 특성이 드러나는 부분('한자'를 이용한 학습 놀이 등)은 원문을 그대로 번역하였습니다. 단, 한국의 사정에 맞게 바꿀 수 있는 부분은 바꾸었습니다.

- 실제 발달 훈련에서 아이의 이름을 부르는 것이 중요합니다. 따라서 훈련 사례에 나오는 아이들 이름은 가명으로 표기하였습니다. 남자아이는 철수나 철호, 여자아이는 영희나 영미 등으로 친숙한 이름을 여러 번 반복하여 사용하였습니다.

- 등장하는 아이들의 나이는 '만' 나이입니다.

KODOMONOTAME NO HATTATSU TRAINING
Copyright © 2017 by Takashi OKADA
Illustrations by Shuhei EGUCHI
All rights reserved.
Original Japanese edition published by PHP Institute, Inc.
Korean edition published by arrangement with PHP Institute, Inc., Tokyo in care of Japan Uni Agency, Inc. Tokyo through Korea Copyright Center Inc., Seoul

조금 느린 아이를 위한

발달놀이 육아법

오카다 다카시 **지음** | 한경근 **감수** | **황미숙** 옮김

놀이치료 68가지는 일본의 저명한 아동발달센터에서
전문 훈련사가 실제 '발달과제에 어려움이 있는 아이'에게
활용하는 발달 훈련입니다. 이 책에서는
가장 효과적인 훈련 중 부모님이 집에서 쉽게 할 수 있는
프로그램만을 선별하여 소개하였습니다.

제1장

발달 훈련 전 알아두기
아이가 훈련을 '즐거운 놀이 시간'으로 생각하게 만들기

제4장 언어와 말하기 **훈련**

말이 늦는 아이의 언어 능력과 사회성 키우기

제5장

시각 · 공간인지 훈련
구기종목을 잘 못하는 아이의 시각 · 공간인지 능력 키우기

제6장 기본적인 사회성 훈련
상대방 표정에 제대로 반응하도록 사회성 익히기

제7장 **실천적인 사회성 훈련**

원활한 의사소통을 위한 사회성 익히기

계획능력과 통합능력 훈련

전략적 의사결정에 꼭 필요한 사고력 키우기

 행동과 감정 조절 훈련

감정의 제동장치가 약한 아이에게 제동 걸어주기

제10장 **애착기반 접근 훈련**

아이에게 절대적인 안전기지 사수하기

상황별 '놀이치료 68가지' 찾아보기

아이가 일상생활에 필요한 대화를 제대로 하지 못할 때

아이의 발달 단계 알아보기

발달 단계의 구분

발달은 난자와 정자가 결합하는 순간부터 사망에 이르기까지 전 생애를 통해 이루어지는 체계적인 변화이다. 즉, 개인은 출생에서 사망에 이르기까지 일정한 단계를 거치게 되는데 이를 '발달 단계'라고 한다. 그중에서 아이의 발달 단계는 아래와 같이 세 단계로 나눌 수 있다.

▶ 영아기(출생부터~생후 2년)

　개인이 신체와 운동 발달에서 가장 급속한 발달을 보이는 시기로, 자기 몸을 스스로 움직이고 이동할 수 있게 된다. 언어를 배우기 시작하고 상대방과 소통이 가능해지면서 기본적인 상호작용을 할 수 있게 된다.

▶ 유아기(2~6세)

　언어를 습득하고 발전시키는 시기로, 인지 능력이 매우 빠르게 발달한다. 특히 운동 능력이 발달하여 움직임이 많아진다. 자기주장이 강해지고, 주변 환경에 대해 탐색하며 기본생활 습관과 사회규칙을 배우기 시작한다.

▶ 아동기(6~12세)

　일반적으로 초등학교에 다니는 시기로, 운동 능력이 개선되고 논리적 사고가 발달한다. 양육자 외의 다른 사람들과 어울리면서 사회성이 발달하기 시작한다.

발달 단계에 따른 과제

각 단계의 과제를 제때에 성취하지 못하면 다음 단계에서 많은 어려움을 겪게 된다. 각 단계는 서로 깊은 연관성을 가지고 있으며, 전 단계에서 과제를 성공적으로 수행했는지에 따라 다음 단계 과제의 성공 여부가 결정된다. 따라서 아이가 단계별로 과제를 잘 수행할 수 있도록 세심하게 신경써야 한다.

먼저 '아이의 발달 단계별 과제'가 무엇인지 확인하자. 그리고 아이의 과제 중에서 대표적인 '운동 발달과제에 어려움이 있는 상태'는 어떤 경우인지 알아보자.

▶ 아이의 발달 단계별 과제

영아기와 유아기의 발달과제	아동기의 발달과제
▪ 보행을 연습한다.	▪ 일상생활에 필요한 개념을 학습한다.
▪ 말하기를 학습한다.	▪ 양심, 도덕, 가치 체계를 발달시킨다.
▪ 생리적 안정을 유지한다.	▪ 적절한 성역할을 학습한다.
▪ 배설을 통제하는 법을 학습한다.	▪ 또래 친구와 사귀는 방법을 배운다.
▪ 고형 음식물을 먹는 것을 학습한다.	▪ 놀이에 필요한 신체 기술을 습득한다.
▪ 옳고 그름을 판단하는 것을 배운다.	▪ 읽기, 쓰기, 셈하기의 기본을 익힌다.
▪ 성별의 차이를 이해하고, 성 예절을 학습한다.	▪ 집단, 제도에 대한 태도를 발달시킨다.

▶ 운동 발달과제에 어려움이 있는 상태

대근육운동 발달	소근육운동 발달
▪ 100일 : 목을 가누지 못한다.	▪ 3~4개월 : 주먹을 꽉 잡고 펴기를 하지 못한다.
▪ 5개월 : 뒤집지 못한다.	▪ 4~5개월 : 장난감을 움켜쥐지 못한다.
▪ 7개월 : 혼자 앉지 못한다.	▪ 7개월 : 물건을 한 손에 쥐지 못한다.
▪ 9~10개월 : 붙잡고 서지 못한다.	▪ 12개월 : 엄지와 검지로 작은 물건을 잡지 못한다.
▪ 15개월 : 걷지 못한다.	▪ 18개월 : 양말이나 장갑을 혼자 못 벗는다.
▪ 만 2세 : 계단을 오르거나 내려가지 못한다.	▪ 24개월 : 5개의 블록을 쌓지 못한다.
▪ 만 3세 : 한 발로 잠시도 서 있지 못한다.	▪ 만 3세 : 원을 보고 그리지 못한다.
▪ 만 4세 : 한 발 뛰기를 못한다.	▪ 만 4세 : 십자가와 사각형을 보고 그리지 못한다.

💡 TIP 영유아 발달검사

보건복지부에서 실시하는 '영유아 무료 건강검진'은 6세 미만 생후 4~71개월 영유
아를 대상으로 일반검진 7회, 영유아 구강검진 3회 등 총 10차례에 걸쳐 진행된다.
발달과제에 어려움이 있으면 조기 진단뿐만 아니라 정밀검사 지원금을 받을 수도 있
다. 검진기관과 자세한 내용은 국민건강보험 사이트(www.nhic.or.kr)를 참고한다.

책을 읽기 전 알아야 할 기본 용어

▶ 발달과제(developmental task)
- 개인이 환경에 적응하기 위해 필요한 기술이나 능력으로, 특정한 연령이나 단계에 성취해야 하는 활동이나 목표를 말한다. 또한 '발달과업'이라고도 한다.
- 한 단계의 발달과제를 성공적으로 해내는 것은 다음 단계의 발달과제를 성공적으로 수행하는 데 많은 영향을 미친다.
- 따라서 발달과제의 수행 여부는 개인의 발달과 적응에 매우 중요하다.

▶ 발달장애(developmental disability)
- 선천적으로 또는 발육 과정 중 생긴 대뇌 손상으로 인해 지능 및 운동 발달장애, 언어 발달장애, 시각, 청각 등의 특정 감각 기능 장애, 기타 학습장애 등이 나타난다.
- 어느 특정 질환 또는 장애를 지칭하는 것이 아니라, 해당하는 나이에 이루어져야 할 발달이 성취되지 않은 상태라고 할 수 있다.
- 전반적 발달 지연은 대근육운동, 소근육운동과 인지, 언어, 사회성과 일상생활 중 2가지 이상이 지연된 경우로 정의한다.
- 국내에서 일반적으로 발달장애는 지적장애, 자폐성 장애를 포괄하는 말이다.

▶ 발달 훈련(developmental training)
- 발달은 성장에 따른 기능적 발전 과정을 말하는데 대개 일정하고 예측 가능하게 진행되는 역동적인 과정이다.
- 이러한 발달 과정 중에, 개인의 성장 시기에 제때 이루어져야 할 발달과제에 어려움이 있는 상태를 계획적으로 개선시키는 훈련을 '발달 훈련'이라 한다.

▶ 애착기반 접근(다가가기)
- 애착기반 접근을 진행할 때는 증상이나 문제행동에 주의를 빼앗기지 않고, 아이가 놓인 상황, 부모나 아이에게 중요한 타인과의 애착관계에 주목한다.
- 따라서 문제행동이나 증상 등의 나쁜 점만을 개선하는 것이 목표가 아니다.
- 아이에게 안전기지가 되는 관계를 만들어 애착이 안정되도록 하는 걸 우선시한다.

▶ 웩슬러 아동지능검사(Wechsler Intelligence Scale for Children, WISC)
- 미국의 임상 심리학자 웩슬러(D. Wechsler)가 고안한 아동지능검사법이다.
- 이 검사의 특징은 언어성 검사와 동작성 검사를 분리하여 따로따로 IQ(지능지수)를 구할 수 있으며, 모든 검사의 IQ도 산출할 수 있다는 점이다.
- 이 검사들은 개별적으로 실시하게 되어 있으며, 적용범위는 5~15세이다.
- 16세 이상 성인용으로 웩슬러 성인지능검사(Wechsler Adult Intelligence Scale, WAIS)가 있다.

▶ 작업기억(Working memory)
- 작업기억 혹은 단기기억은 지각시스템에서 일시적인 정보의 통합, 처리, 삭제와 재생에 관련된 단기적인 기억이다.
- 작업기억은 운용기억이라고도 불리는데, 단순한 정보를 저장하는 기능 이외에 정보를 이용한다.
- 이것은 정보를 있는 그대로가 아니라 코드화, 부호화하여 저장하는데 주된 입력부호는 청각부호이다.

▶ 시각·공간인지
- 시각·공간인지 또는 시각·공간 정보처리의 능력은 '동작성 지능'이라 불린다.
- 눈을 통해 들어온 정보를 기억하거나 거기서 의미를 읽어내고 추리하며, 눈으로 얻은 정보와 손발의 운동을 연동시키면서 행동하는 기능을 가리킨다.
- 시각·공간인지가 약하면 몸의 균형이 좋지 않거나 움직임이 안정적이지 않고, 도형이나 입체적인 것을 잘 파악하지 못한다.

놀이처럼 즐길 때
가장 효과적인 발달 훈련

'발달과제에 어려움을 겪는 아이가 가정이나 학교처럼 가까운 곳에서 즐겁게 훈련할 수는 없을까?'

이 물음에 대한 해법으로 이 책이 세상에 나오게 되었습니다. 이 책에 소개된 많은 내용은 훈련자가 실제로 시행해서 성과를 본 실질적인 훈련 방법을 사례와 함께 쉽게 알려주고 있습니다.

아이는 자신이 절대 못 할 거라고 생각하던 것을 훈련을 통해 조금씩 개선하면서 기뻐하게 되고, 주위의 칭찬으로 인해 더욱 훈련에 매진하게 됩니다. 이것은 선순환의 효과를 얻게 되어 아이와 부모, 훈련자 모두의 성장을 가져오게 되지요.

그렇게 모든 사례에 나오는 아이들은 보물처럼 반짝거리게 되었습니다. 더 많은 아이가 발달 훈련을 놀이처럼 쉽고 재미있게 즐길 수 있기를 바라는 마음이 커져서 감수하는 내내 보람되었습니다.

어느 주말 오후, 카페에 앉아 이 책을 다시금 읽었습니다. 벌써 중학교와 고등학교에 다니는 두 딸아이의 어렸을 적 모습이 떠오르더군요.

'아, 이런 놀이로 아이들과 함께 놀았으면 더 재미있었겠다.'

마침 아내가 마주 앉아서 노트북을 켜고 일하고 있었는데요. 엉뚱하지만 함께 '늦게 내는 가위바위보 게임'(2장 '주의력 훈련' 참고)을 하자고 했습니다. 이 놀이는 두 사람이 손을 동시에 내지 않고 한 사람은 한 박자 늦게 내는 게임입니다.

그런데 상대를 이기는 가위바위보가 아니라 무승부-승리-패배의 순서를 지켜야 합니다. 실수 없이 이 세 번을 잘 지켜야 이기기 때문에 자연스럽게 게임 규칙에 집중하게 됩니다. 나이가 든 건지 생각이 많아서인지 처음엔 쉽지 않습니다. 그렇게 킥킥거리며 한참 게임을 하고, 연이어 '스트룹 효과' 게임도 했습니다. 그러다가 깨달았습니다.

'아이들이랑 놀아줄 때, 아니 아이들과 같이 놀 때는 우리도 즐거웠어야 했구나.'

아이와 하는 놀이가 어른에게는 종종 피곤한 노동이 되기도 합니다. 책임을 굳이 따진다면 재미있게 놀지 않는 어른에게 있습니다. 이 책을 통해 놀이법을 알고 나니 재미있게 노는 방법을 알지 못한 이유도 있었던 것 같습니다. 발달 훈련이나 놀이가 거창한 것이 아니라 아이도 부모도 그냥 즐기면 되는 거였습니다.

'발달과제'는 아이들이 자라면서 제때 꼭 해내야 하는 것들입니다. 어느 단계에서 반드시 성취해야 그 다음 단계 발달에도 어려움이 없을 것이므로 발달과제는 무척 중요합니다.

이 책은 그러한 발달과제를 즐거운 놀이로 만들어 보여줍니다. 산만한 아이를 위한 주의력 훈련부터 학습능력이 떨어지는 아이를 위한 작업기억 훈련, 말이 늦은 아이를 위한 언어 훈련, 운동을 힘들어하는 아이를 위한 시각·공간인지 훈련까지 발달 훈련을 '즐거운 놀이'로 만들어 주는 아이디어가 가득합니다.

특히, 말이 늦은 아이의 언어 발달을 돕기 위해 아이와 애착 형성을 하는 방법(4장 '언어와 말하기 훈련' 참고)이 구체적으로 잘 나와 있습니다.

아이의 표정이나 동작을 거울처럼 그대로 따라 하는 '비언어적 거울 반응', 아이가 말한 음성을 그대로 따라하는 '음성적 거울 반응', 아이의 말을 대신 하는 '병행 말하기', 어른의 사정이나 기분을 이야기하고 전달하는 '혼잣말하기'를 포함하여 7가지 방법이 설명되어 있습니다.

이 방법들이 예전부터 모든 부모가 해온 활동이라는 데 공감합니다. 그런데 어느 방법은 미처 알지 못하고 지나갔던 것 같아서 아쉬웠습니다. 이 책이 이론적인 설명과 함께 실제로 활용할 수 있는 방법을 구체적으로 알려준다는 커다란 장점을 가지고 있음을 다시 한 번 실감했습니다. 그래서 비단 어린아이뿐 아니라 청소년이 된 딸아이와 얘기할 때도 활용하면 좋겠다는 생각을 했습니다.

발달과제에 어려움이 있는 아이는 신체적인 측면이나 지적인 측면에서 일반적인 발달과제 습득에 순서나 속도의 차이를 보입니다. 그러면 아이를 가르치는 '전문가(즉, 부모와 교사)'들이 아이의 늦은 발달 때문에 조급해하게 됩니다. 그래서 놀이 시간이든 수업 시간이든 전문가만

열심히 발달 훈련을 진행하게 되어 아이들에겐 종종 따분한 시간이 되어 버립니다.

하지만 이 책은 아이 개개인의 속도 차이를 인정하고 좀 더 여유있게 아이들과 놀기를 권합니다. 또한, 전문가 스스로가 더 재미를 느끼며 아이와 함께 최선을 다해서 놀기를 원하게 만듭니다. 즐거운 놀이 그 자체로서 아이와 같이 생각하고 세상을 바라보면서 함께 '발달'하는 방법을 알려주는 것이지요.

덕분에 대학에서 그리고 교사를 대상으로 하는 제 강의가 어렵고 따분하지는 않은지 다시 한 번 생각하게 해주었습니다.

"모든 아이는 성장할 힘을 가지고 있습니다"라고 말하는 저자의 말이 마음을 크게 울립니다. 이 책은 한창 자라는 아이들이 중요한 발달 과제를 잘 해나갈 수 있도록 도와주며, 아이의 성장에 마음을 졸이는 부모님과 선생님에게 매우 유익할 것입니다.

부모님에게 여전히 어린 '아이'인 저도 재미있는 놀이형 인간으로 바뀌어, 제겐 아직 '아이'인 두 딸과 즐거운 시간을 가지려 합니다.

한경근

단국대학교 특수교육과 교수이자,
서연이와 서정이 아빠

놀이치료는 아이의 행복한 미래를 위해 부모로서 꼭 해야 할 일

모두가 머릿속으로 상상하는 미래가 있습니다.

제가 꿈꾸던 그림 중에 하나는 결혼 후 아이를 낳고, 그 아이와 함께 여행을 가고, 영화를 보고, 전시회를 가고, 수많은 경험을 나누고, 눈을 보고 이야기하는 아주 소소한 일상이었습니다. 하지만 누군가에게는 소소한 꿈이 저에게는 아주 어려운 꿈이 되고 말았습니다.

14살, 12살 두 살 터울인 남매가 모두 자폐성 장애를 가지고 있기 때문입니다. 발달장애라는 말을 들어본 적도 없는 저는 엄마라는 이름 으로 일어설 수밖에 없었습니다. 남매를 위해서 관련 분야를 공부하였 고, 지금은 사회의 인식을 바꾸기 위해 꿈고래놀이터부모협동조합을 만들어 일하고 있습니다.

꿈고래놀이터는 장애부모, 비장애부모, 다양한 치료 교육을 담당하는 치료사가 함께하며, 치료와 교육이 아이들 모두에게 즐거운 '놀이'가 되길 바라는 마음을 담아서 만든 곳입니다.

이곳에서 진행되는 놀이치료는 아이가 마음 깊은 곳에 쌓여 있는 부정적인 감정들을 놀이를 통해 쏟아내고 완화시키는 과정입니다.

아이들은 언어로 마음을 표현하는 데 익숙하지 않아서 놀이를 통해 자신의 마음을 표현하거든요. 놀이치료는 놀이를 통해 자기 마음을 표현하도록 격려하고 다른 사람과 소통할 수 있도록 지원합니다.

이 책을 처음 접하고, 무엇보다 발달 훈련을 놀이처럼 즐겁게 한다는 것을 강조하며 재미있게 훈련이 진행되는 과정을 보여주어 매우 반가웠습니다.

또한, 구체적인 사례들이 저처럼 아이의 다름으로 인해 힘들어하는 초보엄마들에게 좋은 지침서가 될 수 있을 것이라 생각했습니다. 하지만 선배엄마로서 걱정되는 것이 2가지가 있습니다.

첫 번째는, 우리는 발달장애 또는 발달과제라고 하면 장애와 과제만 생각해서 장애를 극복해야 하고 과제를 달성해야 한다는 생각만 합니다. 하지만 장애와 과제에 대해 집중하기 전에 일반적인 발달에 대해 먼저 알아야 할 필요가 있습니다.

그런 인식이 갖춰진 후에 발달과제에 어려움이 있는 아이를 위해 어떻게 다른 방식으로 접근해야 하는지를 고민하고 노력했으면 합니다.

그리고 발달은 죽을 때까지 점진적으로 이루어진다는 것도 잊어서는 안 됩니다. 치매를 가진 어르신들도 환경과 제도를 통해 나름대로 하나하나 발달의 과정을 지나고 있는 것입니다.

두 번째는, 이 책에서 친절하게 설명한 발달 훈련을 우리 아이가 제대로 수행하지 못한다고 하여 낙담하거나 실망하지 않으셨으면 합니다.

지금은 안 되어도 거듭 훈련하면 나중에는 할 수 있을 것입니다. 아이 개개인마다 관심과 속도의 차이를 인정해주어야 합니다.

다시 한 번 하고 싶은 말은 '발달은 죽을 때까지 이루어가는 긴 과정'입니다. 책속에 소개된 훈련을 잘 수행하여 기쁘고, 수행하지 못하여 슬픈 것이 아닙니다. 결국 다양한 상황과 사람들 속에서 아이들이 행복하게 살아갈 수 있는 길을 열어주는 것이 부모로서 해야 할 일이라고 생각합니다.

이 책은 또래보다 성장이 느려서 걱정하는 부모님에게 많은 도움이 될 것입니다. 특히 다양한 사례와 놀이 프로그램은 실생활에 유익해서 주변에 적극 권장합니다.

그런데 이 책대로 훈련했는데 성과가 생각만큼 안 나온다고 하여 실망하지 마세요. 내 아이를 제일 잘 아는 부모님께서는 책의 도움을 받되, 각자 처한 상황에서 현명한 선택과 경험을 아이들에게 제공해주시기 바랍니다.

아이는 발달과제를 제때 하기 위해 태어난 것이 아니라 무조건 사랑

받기 위해 태어난 존재임을 항상 기억해주세요.

아이가 웃으면 절로 웃음이 나오고, 아이가 울면 함께 슬퍼하는 어머님들 모두 힘을 내십시오.

그리고 많은 독자들을 대신해서, 좋은 책을 기획하고 출간하는 예문아카이브에도 진심으로 감사 말씀을 전합니다. 어려운 길에 선 부모님들에게 좋은 길라잡이가 되어주셔서 감사합니다.

임신화
꿈고래놀이터부모협동조합 이사장이자,
공감왕자 동현이와 발랄공주 혜승이 엄마

발달 훈련은 악기를 다루거나 운동 연습을 한다는 마음으로

처음 자전거를 탈 수 있게 되었던 때를 기억하나요?

'아무것에도 기대지 않고 두 바퀴만으로 선다는 건 불가능해. 금방 쿵하고 넘어질 것만 같아.' 이렇게 생각하고 넘어지기를 몇 번이나 반복했을 거예요. 발달과제에 어려움이 있는 상태도 자전거를 타지 못하는 상태에 비유할 수 있습니다.

예를 들어, 다른 사람과 소통하는 데 서투른 사람이 아무런 어려움 없이 소통하는 사람을 보면 어떨까요? 마치 자전거를 못타는 사람이 자전거를 멋지게 타는 사람을 보았을 때처럼 부러움과 좌절감을 느낄 거예요. 남들은 모두 할 수 있는 일을 자신만 못한다고 생각하면 스스로가 한심스러울 수도 있고, 애당초 자신에게는 불가능한 일이라고 여길지도 모릅니다.

하지만 어찌어찌 감각을 익히고 자전거를 탈 수 있게 되면 별 것 아니었다는 생각이 듭니다. 그렇다면 못하던 일을 극복해내는 일이 어떻게 가능할까요? 그건 뇌에 새로운 회로가 생기기 때문입니다. 그 회로를 몇 번이고 사용하다보면 자동으로 작용하게 되지요. 그렇게 해서 자전거의 페달 밟는 것을 의식하지 않고도 자전거를 능숙하게 탈 수 있습니다.

발달과제의 이해를 돕기 위해 또 다른 예를 들어보겠습니다. 과제를 극복하기 전과 극복한 후의 차이는 피아노를 한 손으로밖에 치지 못하던 아이가 두 손으로 피아노를 칠 수 있게 된 것과 비슷합니다. 한 손으로만 피아노를 치는 사람의 눈에는 두 손으로 다른 음과 리듬을 치는 것이 마술처럼 보입니다. 실제로 아무리 해보려고 해도 처음에는 손가락이 다른 한 손의 움직임을 따라가 버리지요.

하지만 끈기를 갖고 연습하면 처음에는 느리지만 따로따로 칠 수 있게 되고, 점차 좌우의 손이 각각 움직이게 됩니다. 어릴수록 습득하기 쉽지만, 어른이 된 후에 시작해도 어느 정도 수준까지는 도달할 수 있습니다.

발달과제에 어려움이 있는 상태는 한 손으로밖에 피아노를 치지 못하는 상태라고 할 수 있습니다. 다시 말해 결코 고정된 것이 아니며 훈련하기에 따라 두 손으로도 충분히 칠 수 있습니다. 이것도 뇌에 회로가 형성되기 때문입니다. 회로가 없을 때는 절대 불가능하다고 여겨지던 일도 회로가 만들어지면 자동으로 가능해지지요.

따라서 발달과제에 어려움이 있는 상태를 극복하려면 필요한 회로를 만들어주면 됩니다. 이때 유의할 점은 피아노 연습과 마찬가지로 연습방법이나 지도법이 좋아야 합니다. 그렇지 않으면 금세 싫증을 낼 수도 있습니다.

무엇이든 꾸준히 연습하면 능숙해집니다. 다만, 잘 못하는 일은 하지 않으려는 심리적 거부감 때문에 기피하게 되지요. 게다가 자신감이 떨어져 있으면 '해봐야 어차피 안 된다'고, '창피만 당한다'고, '내 주제에 어떻게 할 수 있겠어' 하며 연습할 기회를 피하게 되고 점점 더 서툴러지게 됩니다. 발달 훈련에서는 이런 심리적 저항을 제거하는 것이 가장 중요합니다.

그럼, 아이의 발달과제를 어떻게 하면 즐겁고 효과적으로 훈련할 수 있을까요?

가정이나 학교처럼 가까운 곳에서 할 수는 없을까요?

이 책은 그 해법으로, 전문 임상심리사가 실제로 시행해서 눈부신 효과를 본 실질적인 발달 훈련 방법을 알려주고 있습니다.

이 책에 소개하는 많은 사례와 마찬가지로 아이들은 일단 발달 훈련의 재미에 눈뜨게 되면 스스로 하려고 합니다. 절대 못할 거라 생각하던 것도 하다보면 할 수 있다는 걸 알고 그 기쁨을 더 얻고자 노력하지요. 더욱이 주위에서 칭찬해주면 자신이 성장했다는 기쁨과 자신감도 갖게 되면서, 아이들에게 선순환의 효과를 가져다줍니다.

어린 시절에는 뇌의 가소성(힘을 받아 변형된 것이 유지되는 성질)이 매우 높아서 발달 훈련의 효과가 큽니다. 물론 뇌가 거의 완성되는 18살 정도까지는 많은 가능성이 있으므로, 여전히 발달할 가능성이 큽니다.

성인이 된 후에도 뇌는 어느 정도의 가소성을 가지고 있습니다. 그래서 뇌출혈이나 뇌경색으로 뇌의 세포 자체가 죽어버려도 재활을 통해 기능을 회복할 수 있습니다.

어렸을 때부터 시작한 사람에 비해 나이가 든 사람은 악기나 운동 동작을 익히는 데 시간이 좀 더 걸릴 뿐입니다. 하지만 꾸준히 연습하면 누구나 피아노나 기타를 칠 수 있듯이 발달과제도 마찬가지입니다. 뿐만 아니라 사회성이나 기능적인 문제도 단련할 수 있습니다. 다행히 발달 훈련의 방법은 나날이 진보하여, 각각의 아이들에게 적합한 방법을 적용하면 비교적 단기간에 효과를 볼 수 있습니다.

발달 훈련은 어떤 방법을 사용하느냐가 매우 중요합니다. 자전거를 타는 과정을 떠올리면 보다 명확해집니다.

과거에는 자전거를 뒤에서 잡아주면서 타게 하다가 점차 이리저리 페달 밟는 방법으로 가르쳤습니다. 하지만 최근에는 페달 없는 자전거에 앉아 두 발로 땅을 차면서 앞으로 나가는 균형 훈련을 먼저 합니다. 그러면 보다 쉽게 자전거를 탈 수 있게 되지요.

실제로 이 방법을 쓰면서부터는 하루 만에 자전거를 타는 아이들이 많아졌습니다. 이 방법은 넘어질 거라는 공포심을 없애주고, 자전거를 탈 때 가장 기본인 균형 잡는 기술을 익혀준다는 점에서 아주 훌륭합니다.

발달 훈련도 마찬가지입니다. '또 실패하겠지', '창피를 당하겠지', '실수하겠지', '당황해서 머릿속이 하얘질 거야' 같은 부정적인 생각 때문에 자신의 진짜 실력을 발휘하지 못하는 것입니다. 훈련을 할 때 겁내지 않고 즐겁게 하면 기술을 익히면서 자신감도 회복할 수 있습니다. 물론 잘하지 못하면 지적을 받기도 하고 웃음거리가 될 수도 있지만, 실제 놀이나 학교에서 그런 상황까지는 가지 않으니 안심하셔도 됩니다.

발달 훈련의 좋은 점은 실패에 대한 막연한 불안감을 없애준다는 것입니다. 만약 훈련을 진행할 때 단순히 잘하고 못하는 것을 평가하거나, 못하는 점에만 주의를 주는 실수를 범한다면, 훈련의 장점을 살릴 수 없습니다. 그런 훈련은 아이들에게 괴로움만 주고, 결국 지속할 수 없게 됩니다.

따라서 훈련이 순조롭게 진행되느냐 아니냐는 부모님이나 선생님의 태도에 따라 좌우됩니다. 때때로 아이들은 '실패할 거'라는 공포 속에 갇혀서 소극적인 자세를 취하기도 합니다. 이것은 부모님이나 선생님의 지나친 기대와 열성적인 지도가 원인일 때도 있습니다.

발달과제에 어려움을 가진 아이가 그것을 뛰어넘고 잘 적응하려면 훈련뿐만 아니라 주변에서 어떻게 지지해주느냐가 중요합니다. 이에 대한 방법을 마지막 장에서 알려드리겠습니다.

이 책은 발달과제별로 이해를 돕고 평가하는 전반부와 실제 훈련하는 방법을 소개하는 후반부로 구성되어 있습니다. 여기서 소개하는 발달 훈련 방법은 필자가 고문을 맡고 있는 오사카심리교육센터와 구즈

하심리교육센터에서 실제 사용하는 것입니다. 가정에서 누구나 쉽게 할 수 있는 방법으로, 현장에서 실행했을 때 가장 효과적이면서 즐겁게 할 수 있는 것만 소개하였습니다. 따라서 아이의 과제에 맞춰서, 또 그날그날 아이의 흥미와 흐름에 맞는 것을 몇 가지 선택해 진행하면 좋습니다.

각 훈련을 실천하는 구체적인 방법과 사례는 두 센터의 인기 상담사인 임상발달심리사 시노하라(篠原亜耶) 씨와 임상심리사 하야시(林佳奈) 씨가 직접 집필하였으므로, 실제 수업 현장을 통한 아이들의 뛰어난 감성과 소통 비결을 체험할 수 있습니다.

발달과제에 어려움이 있는 아이 대부분은 매우 섬세하고 순수한 감성을 지녔습니다. 훈련하는 모습이나 대화를 들으면 지켜보는 사람의 마음까지 맑아질 정도입니다.

참고로 책에서 소개하는 모든 사례는 실제 모델의 설정을 변경하여 재구성한 것으로, 특정 사례와 다름을 알려드립니다.

제1장

발달 훈련 전
알아두기

아이가 훈련을
'즐거운 놀이 시간'으로
생각하게 만들기

◇
◇

발달 훈련에서 무엇보다 중요한 것은 놀이처럼 즐기는 것입니다. 이것만 기억한
다면 얼마든지 훈련을 즐겁게 진행할 수 있습니다.

이번 장에서는 발달 훈련의 효과를 높이기 위해 알아두어야 할 기초 지식을 소
개합니다. 다양한 훈련 방법을 실행하면서 반복해서 읽고 참고하면 좋습니다.

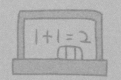

발달 훈련의 주인공은 아이입니다

• • •　발달 훈련을 시작하기 전에 알아두어야 할 사항이 몇 가지 있습니다. 훈련의 효과를 좌우하는 중요한 내용이므로, 훈련을 시작한 후에도 가끔 읽어보면서 원점으로 돌아가 상황을 다시 살펴보십시오.

훈련은 아이의 성장 전반에 대해 다루고 있습니다. 특히 최대의 성과가 나오게 하려면 즐겁게 진행하는 것이 가장 중요하다고 강조하고 있지요. 억지로 하거나 무리하게 강제로 시킬 경우 역효과가 날 수 있기 때문입니다.

그렇다면 어떻게 해야 훈련을 즐겁게 진행할 수 있을까요?

훈련할 때 능숙한 훈련자를 만나면 처음에 의욕이 없던 아이도, 불안해서 얼어 있던 아이도 몰라보게 표정이 밝아지면서 적극적으로 관심을 갖고 의욕을 보이면서 몰두하게 됩니다. 아이들은 훈련이 자신이 좋아하던 게임이나 카드놀이보다 더 재미있어서, 훈련하는 날만 되면 좋아서 어쩔 줄 모르게 됩니다. 이로 인해 긍정적인 효과가 나타나고, 부모님이나 학교 선생님으로부터 "요즘 많이 달라졌네", "많이 컸구나"라는 칭찬을 받게 됩니다. 훈련의 선순환이 이루어진 것입니다.

어떻게 해서 이런 선순환이 이루어지는 걸까요?

그것은 훈련의 달인이라 불리는 발달 전문가의 수업을 보고 있으면 잘 알 수 있습니다. 아이 개개인의 속도나 관심사를 존중하면서 그것을 자연스럽게 훈련으로 연결시키기 때문에, 강제로 뭘 한다는 느낌이 전혀 없습니다. 즉, 처음부터 훈련의 교육과정을 정하고 '오늘은 이런 훈련을 해보자'라고 하는 학교수업 같은 방식을 도입하지 않습니다.

우선 아이의 이야기를 듣고 소통하면서 아이가 흥미를 보이는 것부터 수업에 들어갑니다. 훈련자와 아이의 관계가 형성되면 그때 아이가 어렵다고 느끼는 것을 수업 과제로 가져와서, 이를 개선하려고 노력합니다. 무엇보다도 아이의 속도와 관심, 기분을 존중하면서 진행하는 것이 기본입니다.

이 방법은 주체성을 존중하는 것이죠. 아이가 주체성을 존중받으면 안심하게 되고 즐거운 마음이 생길 뿐만 아니라 마음의 발달도 빨라집니다. 그렇다고 아이가 하고 싶은 것만 하도록 내버려두지는 않습니다. 훈련자가 아이의 관심을 공유하고 상호작용을 거듭하다보면 아이는 자신의 관심에 몰입하게 됩니다. 그리고 타인과 관심을 공유하고 소통하는 즐거움을 맛보게 됩니다. 이 점이 소통에서도 가장 중요한 부분입니다.

따라서 훈련자가 가장 먼저 해야 할 것은 아이의 관심에 다가가는 일입니다. 아이와 같은 것을 바라보고 아이가 재미있다고 느끼는 것을 함께 느끼면서 조금씩 말로 표현하며 진정한 소통을 하는 것이지요.

사실 이것이 가장 기본인데, 발달 전문가조차도 이것을 충분히 고려하지 못할 때가 많습니다. 전문가도 종종 자신이 주목하는 것에 아이의 주의를 끌려고 하니까요. "이것 봐봐, 판다곰이야. 진짜 재미있는 얼굴을 하고 있네"라고 인형을 들어 보여주려고 합니다. 하지만, 아이는 손에 들고 있는 미니카에 빠져서 상대방의 목소리가 전혀 들리지 않고 자기만의 세계에 열중해 있습니다.

이를 보고 전문가는 "역시 관심 공유(joint attention, 어떤 사물이나 사건에 대한 주의를 다른 사람과 공유하는 상호 작용)가 안 되는군" 하고 말합니다. 정작 '관심 공유'를 게을리 하고 있는 사람은 그 전문가인데도 말입니다.

하지만 아이에게 다가가는 데 능숙한 사람은 아이가 관심 갖는 것에 함께 흥미를 보이고, 아이가 재미있다고 느끼는 것에 함께 재미를 느끼고, 주의를 기울이는 것에 함께 주의를 기울이면서 공유하려고 합니다. 그런 다음에 아이에게 말을 걸고 상호작용으로 연결시키지요.

어느 정도 관심을 공유하고 말로 소통할 수 있게 되었을 때 "이것도 재미있단다"라고 다른 것으로 관심을 전환시킵니다. 그러면 아이는 자연스럽게 따라옵니다. 관심을 공유하는 체험 속에서 자신도 상대방과 관심을 공유하는 회로가 자라나거든요. 그 부분을 시간을 들여 정성껏 키우는 것이 발달 훈련의 참맛입니다.

하지만 전문가는 의외로 그 점을 단순히 잘하고 못하고로 딱 잘라서 구분짓는 경향이 있습니다. 발달과제는 절대 고정되어 있는 성곽이 아닙니다. 정성껏 훈련을 하여 회로가 만들어지면 조금씩 가능해지는 것입니다.

앞서 나온 피아노의 예를 떠올려보세요. 발달과제에 어려움이 있는 상태는 한 손으로만 피아노를 칠 수 있는 아이와 같습니다. 한 손으로만 피아노를 치는 단계에서 두 손으로 칠 수 있는 단계가 되기까지는 분명히 큰 거리가 있습니다. 피아노를 한 손으로만 치는 아이에게 두 손으로 서로 다른 건반을 두드린다는 것은 마술 같은 일이지요.

하지만 조금씩 연습하면 처음에는 서투르지만 점차 매끄럽게 두 손을 움직일 수 있게 됩니다. 뇌에 회로가 형성되기 때문이지요. 발달 훈련도 똑같습니다.

훈련할 때
가장 중요한 것

••• 무엇보다 중요한 것은 훈련을 즐기는 것입니다. 그러려면 아이의 주체성과 관심을 존중해줘야 합니다. 진행 내용에도 아이의 의사를 적극 반영해야 합니다. 물론 모든 것을 아이가 원하는 대로 할 필요는 없습니다. 하지만 아이의 의견이나 희망사항을 존중하는 자세는 매우 중요합니다.

몇몇 프로그램을 진행하다보면 아이의 흥미나 성향에 맞는 프로그램을 찾을 수 있습니다. "제가 하고 싶어요"라고 스스로 말하는 경우도 늘어납니다. 훈련을 하루 동안 진행할 경우 실시하는 프로그램은 서너 개 정도인데, 그중에 한 가지는 꼭 아이가 원하는 것을 넣도록 합니다.

그리고 미리 프로그램이나 교육과정을 정해 놓지 않는 게 좋습니다. 아이의 기분이나 과제에 따라 속도는 제각각이니까요. 대개는 훈련자가 계획한 대로 흘러가지 않고, 예상하지 못한 상황에서 오히려 아이가 성장하는 경우가 많습니다. 프로그램이나 일정을 미리 정해 놓으면 아이가 자발적으로 관심을 보이는 것을 무시하고 다른 일을 연습시키는 꼴이 될 수도 있으니 주의해야 합니다.

훈련의 달인들은 미리 준비한 고정 프로그램에 제한을 받지 않고, 아이의 요청이나 타이밍에 맞춰 적합한 내용을 마술사처럼 차근차근 제공합니다. 그분들은 많은 서랍을 가지고 있는 것처럼 아이가 필요로 하는 시점에 가장 적합한 내용의 과제나 관심 프로그램을 자유자재로 꺼낼 수 있기 때문입니다.

보통의 부모님이나 도움반 선생님이 그분들처럼 하기는 어렵습니다. 하지만 아이가 흥미를 보이는 프로그램이 몇 개라도 있으면, 그날그날의 상황에 맞춰 적절히 이용하면 됩니다.

집에서 훈련할 때
주의할 점

• • •　눈치 채셨겠지만, 발달 훈련은 놀이와 비슷합니다. 그 본질은 놀이와 같습니다. 아이는 놀이를 통해 사회성을 비롯해 다양한 능력을 발달시킵니다. 하지만 요즘은 놀이의 수가 적고 놀 기회도 줄어들어서, 과거에 비해 놀이 속에서 자연스레 익혔던 것들을 하기 힘들어졌습니다.

특히 발달과제가 어려움이 있는 아이는 다른 아이들과 함께 놀이에 끼는 것이 서툴러서 훈련의 기회가 더 줄어듭니다. 이를 효율적으로 보완하는 것이 발달 훈련입니다.

하지만 본래는 놀이 속에서 익힌다면 더할 나위가 없겠죠. 그런 의미에서 발달 훈련은 공부나 학원에서 익히는 기능보다는 놀이에 가까워야 합니다. 놀이니까 즐겁게 몰두하고, 그 즐거움을 다른 사람과 공유하는 것이야말로 마음과 사회성의 발달에 매우 중요합니다.

그런데 놀이라고 해서 억지로 시키면 안 됩니다. 아이 스스로 하고 싶다고 생각할 때 실시해야 합니다. 그것이 기본입니다. 그러려면 아이의 주체성을 존중하고 관심에 다가가려는 자세가 중요합니다.

물론 아이의 관심사나 하고 싶어 하는 것에 휘둘려서 무질서한 상태가 된다면 제대로 된 훈련을 할 수 없습니다. 놀이에도 규칙이 있듯이 훈련에도 규칙이 필요합니다. 일정한 질서와 규칙을 지키는 것도 매우 중요합니다.

발달 훈련을 센터나 교실에서 진행하는 경우에는 어느 정도 틀을 만들기 쉽습니다. 정해진 방이 있고 시간도 정해져 있으니까요. 방의 구조도 전용으로 만들어져 있어서 그곳에 들어가기만 해도 이제부터 훈련이 시작된다고 느끼며 마음의 준비를 하기 쉽습니다.

또한, 화이트보드를 갖추고 있어 그림카드나 글자를 사용해 그날의 일정을 미리 제시하는 방법도 종종 사용됩니다. 그러면 아이도 해야 할 일을 알 수 있어서 한 가지 프로그램에서 다른 프로그램으로 전환하기 쉽습니다.

집에서 훈련하는 방법

집에서 훈련을 진행하는 경우에는 센터나 교실처럼 틀을 제대로 만들기 어렵습니다. 이때 작은 화이트보드를 사용해 교실 분위기를 만들면 효과적입니다. 평소에는 뒤로 돌려놓았다가 훈련 시간에만 '짠!' 하고 앞으로 돌리면 분위기를 전환시킬 수 있거든요.

훈련을 진행하기 전에 약속을 확인하는 것도 좋은 방법입니다. 몇 시부터 몇 시까지 진행하고 몇 분의 정리시간을 가진 후, 간식을 먹는다거나 스티커를 붙여주는 등의 상을 예고해줘도 좋습니다.

가정용 화이트보드는 벽에 거는 것도 있고 세워두는 것도 있어요. 화이트보드 앞에 서서 "오늘은 뭘 할까?"라고 아이의 의견을 물으면서 시작해도 좋습니다. 그렇게만 해도 흥미를 끌 수 있습니다.

아이의 의견이 나오면 순서대로 적거나 프로그램 내용을 알려주는 그림카드를 붙여서 오늘의 일정을 정합니다. 대략적인 시간도 정해두면 좋습니다.

시간 관리에 약한 아이는 삐~ 하고 울리는 벨이나 소리가 나는 도구, 또는 쿠킹 타이머로 시간을 관리해도 됩니다. 하지만 너무 엄격한 것보다는 요령껏 진행하는 것이 중요합니다.

화이트보드에 달력이나 표를 붙여두고 훈련을 한 날에는 스티커를 붙이는 것도 동기부여에 도움이 됩니다.

집에서 훈련할 때 가장 주의해야 할 점은, 가급적 훈련과 무관한 물품은 정리하고 눈에 띄지 않는 곳에 넣어둡니다. 쉽게 산만해지는 아이나 자극에 과도하게 반응하는 아이도 많거든요. 장난감 수납장이나 책장, 텔레비전, 컴퓨터 등을 칸막이나 커튼, 롤스크린 등으로 차단하여 평소와 다른 분위기를 만드는 것도 한 가지 방법입니다.

음악도 켜지 말고 휴대전화도 *끄거나* 무음모드로 바꿉니다. 집안일을 하면서 진행하면 관심이 분산되므로 되도록 하지 않습니다. 이 시간만큼은 아이의 관심사에 집중하는 것이 매우 중요합니다.

● 집에서 화이트보드를 사용해 교실 분위기 연출하기 ●

• 훈련을 하지 않을 때는 뒤로 돌려놓는다.

1. 기억력 게임
2. 듣기 연습
3. 친구에게 말 걸기

• 훈련 시간에는 훈련 내용을 보여주며 진행한다.

비전문가도 효과적으로
훈련하는 방법

• • •　　　효과적인 훈련을 하기 위해서는 무엇보다 관점이 중요합니다. 놀이가 그저 놀이로 끝나지 않고 훈련으로써 효과를 발휘하려면 어떻게 해야 할까요? 다음 4가지에 주의해야 합니다.

첫 번째, 아이에게 적절한 부하인가?

아이의 과제를 확실히 확인하고 필요한 부분에 적절한 부하(감당할 수 있는 정도)가 가해지도록 프로그램을 준비합니다.

같은 프로그램이라도 방법을 조금만 고민하면 아이에게 적절한 부하로 조절할 수 있습니다.

예를 들어, 30킬로그램의 부하가 한계인 사람에게 갑자기 40킬로그램의 부하를 주면 꿈쩍도 못할 뿐 훈련이 되지 않고 즐겁지도 않습니다. 그렇다고 10킬로그램의 부하를 주면 쉽게 해내지만 그다지 효과적인 훈련이 아니고 본인의 성취감도 없겠지요. 이때는 한계의 60, 70퍼센트 정도의 부하, 즉 20킬로그램 정도로 연습을 반복하면 효과적입니다.

두 번째, 아이에게 어떤 훈련이 필요한가?

팔 근육에 과제가 있는데 다리만 단련하면 효과가 있을까요? 과제가 있는 부분에 부하가 걸려야 합니다.

예를 들어, 효과적인 훈련을 하려면 아이의 발달과제(사회성이나 주의력 등)에 알맞은 훈련 메뉴를 선정해야 합니다. 아이가 발달과제를 갖고 있다는 것은 그만큼 아이에게 취약한 일을 시도해야 하는 것이므로, 훈련자는 아이의 어려움을 이해하려는 자세부터 가져야 합니다.

세 번째, 아이의 마음을 공감하는가?

겁내거나 하기 싫어하는 아이의 마음을 공감해주면서 쉽게 할 수 있는 것부터 합니다. 재미있는 것부터 시작해서 조금씩 탄력이 붙으면 조금 더 어려운 것도 도전하게 하는 세심한 배려가 필요합니다. 어려운 과제에 도전할 때는 용기를 칭찬해주고 격려합니다. 조금이지만 성과가 있다면 그 점을 칭찬해서 강화시키는 것이 중요합니다.

하지만 보통의 놀이에서는 그렇게 되지 않습니다. 아이가 자기 나름대로 취약한 부분을 애쓰려고 해도 그런 노력은 평가받지 못하고, 오히려 못한 부분만 비웃음을 사거나 무시당하기 쉽습니다.

말하기에 약한 아이가 겨우 용기를 내어 더듬거리며 말했을 때 "목소리가 작아서 잘 안 들려"라고 안 좋은 점만 지적받는다면 말하는 것이 더 두려워질 것입니다. 결국 어렵게 도전한 용기보다도 잘하지 못했다는 부정적인 평가만이 남아서 의욕을 잃기 쉽습니다.

네 번째, 아이에게 충분히 칭찬하는가?

훈련자는 아이가 취약한 과제를 진행할 때 아이 자신한테도 큰 용기와 노력이 필요하다는 것을 이해해줘야 합니다. 그런 이해가 바탕에 깔려 있으면 자연스레 아이에게 하는 말도 달라집니다. 너무 당연해 보이는 일이라도, 아이가 조심조심 도전해서 겨우 해내는 순간이 있습니다. 그때를 놓치지 말고 "정말 잘했구나!"라고 말해주느냐 아니냐에 따라 상당한 차이가 나타납니다.

발달 훈련은 놀이 속에서 성과를 이끌어내는 것입니다.

발달 훈련에 숙달된 훈련자는 아이의 과제에 초점을 맞추면서 다가가기 때문에 보통의 놀이에서는 몇 년이 걸려도 일어나기 힘든 변화를 단기간에 이끌어낼 수 있습니다.

물론 일반 가정에서도 그런 점을 배려하면서 진행한다면 충분히 효과적인 훈련이 가능합니다. 아이의 과제와 특성을 잘 알고, 어떤 것에 어려움을 느끼는지부터 파악하는 것이 그 첫걸음이 되겠지요.

이 책에서는 아이들에게 발달과제별로 발생하기 쉬운 여러 문제들을 '체크리스트'로 정리했습니다. 2장부터 각 장의 첫 부분에서 그 점을 먼저 숙지하기 바랍니다.

우리 아이는 또래보다 어떤 것이 더 힘든가?

그 점을 알게 되면 아이의 입장에서 곤란한 마음을 공유하거나 적절히 격려하게 될 것입니다. 그저 아이가 게으름을 피우고 있는 것처럼 간주해버리거나 무조건 꾸중하지 않게 되겠지요.

또한, 각 발달과제에 맞춰 어떤 훈련을 사용할 수 있을지와 어려움의 정도에 따라 어떤 식으로 적용하면 되는지도 중요합니다. 그래서 가정에서도 진행할 수 있는 프로그램을 중심으로 소개했습니다.

진단명으로 훈련하면
안 되는 이유

••• 　이제부터 조금 전문적이면서 중요한 이야기를 하려고 하므로 열심히 읽어주시기 바랍니다.

발달 훈련을 진행해보려는 분이나 방법에 관심이 있는 분은 교사나 발달 전문가만은 아닐 것입니다. 누구보다도 자녀가 '발달장애'라는 진단을 받았거나 그런 경향이 있다는 이야기를 들은 부모님이 가장 관심이 클 것입니다. 아직 진단이나 검사를 받은 적은 없지만 마음에 걸리는 점이 있는 부모님도 있겠지요.

자녀가 발달과 관련하여 어떤 진단을 받은 부모님이 가장 주의해야 할 점은 '진단명이 모든 것을 결정하지 않는다'는 것입니다.

진단명은 아이의 가장 큰 과제가 되는 부분만을 반영한 경우가 많습니다. 더러는 아이의 실제 과제와 딱 맞다고 보기 어려운 진단명도 있습니다.

진단명 역시 계속 바뀌는 경우가 많아서 혼란스럽기까지 합니다. 요즘 발달과제에 어려움이 있는 아이에게 자주 말하는 진단명은 자폐증, 자폐성장애, 자폐스펙트럼장애, 아스퍼거 증후군, 주의력결핍 과잉행동장애(ADHD), 학습장애(LD), 지적장애가 많습니다.

하지만 같은 진단명이라도 아이가 해결해야 될 발달과제는 상황별로 많이 다릅니다. 진단명과는 관계없이 발달과제가 여러 발달영역에 걸쳐져 있는 경우도 많습니다.

발달 훈련을 실시할 때 중요한 것은 진단명이 아니라 아이 하나하나가 가진 특성과 발달과제입니다. 그러니 진단명으로 훈련을 생각하는 것은 그 아이의 실제 상황에 적합하지 않습니다. 근본적인 과제를 더 세밀하고 정성껏 파악하여 그에 맞는 프로그램으로 진행해야 합니다.

예를 들어, 자폐스펙트럼장애라는 진단을 받은 아이라도 타인의 표정을 읽는 데 문제가 없을 수도 있습니다. 반면에 전혀 읽어내지 못하는 아이도 있는데, 그런 아이는 화를 내지 않는 평범한 얼굴을 보고도 화를 내는 것으로 받아들이기 쉽습니다. 학대나 따돌림 등의 피해를 경험한 아이는 진단명에 관계없이 표정을 읽는 데 어려움을 겪는 경우가 많습니다.

자폐스펙트럼장애라고 진단을 받은 사례에서도 주의력이 저하된 아이가 있는가 하면 반대로 주의력이 뛰어난 아이도 있습니다. 언어이해, 시각·공간인지, 작업기억(3장 도입부에서 설명), 처리속도 등도 모두 제각각입니다.

학습장애라는 진단 역시 마찬가지입니다. 귀로 듣고 익히는 데는 문제가 없지만 읽기가 안 되는 아이가 있는가 하면, 읽고 이해하는 것은 뛰어나지만 글자를 쓰는 것에 어려움을 느끼는 경우도 있습니다. 계산은 능숙하지만 문장으로 된 문제는 전혀 풀지 못하는 아이도 있습니다. 그리고 일문일답식이나 선택식 문제에는 답을 할 수 있지만, 문장을 자유롭게 써서 답을 해야 하는 감상문은 죽을 만큼 싫다는 아이도 있습니다.

이런 상황을 개선하려면 아이가 어떤 정보처리 부분에 어려움을 갖고 있는지, 더 나아가서는 근본적인 과제까지 파악해야 합니다. 학습장애의 원인이 작업기억이 낮은 경우도 있지만, 눈과 손을 동시에 사용하는 것이 원활하지 못해서 글자를 쓰는 게 어려운 경우도 있습니다. 그림이나 모양을 익히는 것이 어려워 힘들어하기도 합니다.

근본적인 원인을 파악했을 때 비로소 필요한 훈련을 알 수 있습니다. 무작정 훈련만 하면 되는 것이 아니라 발달과제를 제대로 파악하기 위한 평가도 중요합니다.

이 책은 훈련에 중점을 두었지만, 발달과제에 대한 평가도 중요하게 다루었습니다.

따라서 이 책에서는 자폐스펙트럼장애나 학습장애 등의 진단명에 따라 장을 나누지는 않았습니다. 그 대신 근본적으로 상황을 개선할 수 있는 주제별로 나누었습니다. 아이에게 어떤 훈련이 필요할지 생각할 때는 진단명이 아니라 근본이 되는 특성과 과제를 알아야 하기 때문입니다.

각 장의 첫 부분에서 각 과제별로 어떤 어려움이나 문제가 발생하기 쉬운지 설명했으니 아이의 본성에 따른 발달과제를 파악하는 데 활용하기 바랍니다. 발달검사를 받은 적이 있는 분은 결과지를 이 책과 함께 비교해보세요. 자녀의 발달과제를 더 잘 이해하게 될 것입니다.

한편, 현재 사용되고 있는 웩슬러 아동지능검사 등의 발달검사도 만능은 아닙니다. 그런 검사에서 측정하기 어려운 능력도 있습니다. 몇몇 검사와 조합하여 발달의 다양한 측면을 가급적 종합적으로 파악해야 하는데, 사실 그런 검사를 쉽게 받을 수 있는 것은 아닙니다.

그래도 낙담하지 마세요. 평소 생활 속에서 겪는 어려움이나 학습의 문제를 잘 살펴보면 아이가 가진 발달과제를 대략적으로 파악할 수 있습니다. 발달과제를 파악하는 데 기준이 되는 체크리스트를 각 장에 게재하였으니 활용하기 바랍니다.

훈련에서
가장 명심해야 할 것

• • •　지금까지 이야기한 것이 발달 훈련의 핵심이지만, 사실 더욱 중요한 것이 남았습니다. 지금부터 설명하겠습니다.

발달과제를 빨리 개선시키고 싶은 분은 자칫 훈련 방법에만 시선을 뺏겨서 마치 장애나 과제를 극복할 수 있는 마법이라도 있는 것처럼 기대하지요.

하지만 인간의 발달이나 마음의 문제는 그렇게 단순하지 않습니다. 그것은 마치 특별한 건강보조제를 먹으면 건강이나 젊음을 손에 넣을 수 있다고 기대하는 것과 같습니다. 현실에서는 한 가지 식품이나 건강보조제에만 의존하면 몸에 해로운 결과를 가져옵니다.

발달 훈련에서도 이 프로그램이 좋으니 이것만 하면 과제가 해결된다는 명약은 없습니다. 훈련은 어디까지나 근육 훈련이나 건강보조제 같은 것이어서, 평소 생활이 매우 중요합니다. 한정된 짧은 시간 동안 진행하는 훈련으로 효과를 내려면 가정과 학교에서의 평소 생활습관이 중요합니다.

그렇게 하기 위해서는 가정과 학교가 아이에게 '안전기지'가 되어야 합니다. 그래야 최대의 힘을 발휘할 수 있습니다. 하지만 학교가 안전기지가 되지 못하는 사례도 많습니다. 이런 상황을 바꾸려면 학교 선생님의 이해와 협력이 필수적인데 현실은 녹록지 않습니다. 우선은 가정이라도 아이의 안전기지가 될 수 있도록 노력해야 합니다.

안전기지의 효과는 절대적이어서 실제로 해보면 바로 실감할 수 있습니다. 안전기지 기능을 높여서 아이의 발달과 적응력을 높이는 방법을 '애착기반 접근'이라고 하는데요. 발달 훈련과 함께 진행하면 효과가 상당히 향상됩니다. 애착기반 접근에 대해서는 마지막 장에서 설명했습니다. 지금은 안전기지가 아이의 능력을 최대한 끌어내는 곳이라는 사실만 기억해주세요.

여기서 소개하는 발달 훈련은 가정이나 학교에서 진행하는 경우도 해당됩니다. 다시 한 번 앞에서 이야기한 것을 강조하면, '훈련을 즐기면서 진행해야 하는 것'이 가장 중요합니다.

하지만 부모님이나 선생님이 훈련할 때 이 점을 종종 잊곤 합니다. 공부와 똑같이 가르치거나 지도하는 부분이 강해지면 더 이상 즐거운 놀이가 되지 못하고 하기 싫은 일이 되어버립니다.

아이와 함께 논다는 마음을 항상 기억하고 동심으로 돌아가 즐긴다는 자세여야 합니다.

그리고 아이에게 늘 긍정적으로 반응해줍니다. 그저 단순한 놀이에서는 상대방의 실수를 비웃거나 재미로 놀리기도 하지요. 그러나 훈련에서는 아이의 취약한 과제를 진행하는 것이니 가벼운 농담으로라도 부정적인 평가는 하지 않도록 합니다. 조금이라도 부정적인 이야기를 들으면 아이는 두 번 다시 하지 않을 것입니다.

　아이의 마음을 늘 배려하고 지켜보며 정성껏 말을 걸어주세요. 훈련 시간만이라도 그렇게 아이를 소중히 대하면 훈련 시간을 무척 좋아하게 될 것입니다.

제2장

주의력
훈련

산만한 아이의
주의력 높이기

◊
◊

드디어 발달 훈련이 시작됩니다.

이번 장에서는 첫 번째로 주의력 훈련을 진행하겠습니다.

가장 먼저 아이의 발달과제를 알 수 있는 '체크리스트'를 확인하십시오.

그리고 나서 설명을 읽으면 아이한테 필요한 발달과제에 어떤 어려움이 있는지,

이를 어떻게 개선해야 하는지를 알 수 있습니다.

아이의 '주의력' 확인하기

※ 다음 체크리스트는 아이의 주의력 특성을 알기 위한 것으로, '정상'과 '비정상'을 판정하는 기준이 아닙니다.

·· '주의력' 체크리스트 ··

1. 주의가 금방 흐트러져 다른 사람의 이야기나 과제에 집중하지 못한다.

① 자주 그렇다.　　　　② 때때로 그렇다.

③ 가끔 그렇다.　　　　④ 거의 그렇지 않다.

2. 단조로운 이야기나 자극이 없는 상황에서는 금방 졸려하거나 멍해진다.

① 자주 그렇다.　　　　② 때때로 그렇다.

③ 가끔 그렇다.　　　　④ 거의 그렇지 않다.

3. 끈기가 필요한 일이나 복잡하게 얽힌 과제를 힘들어한다.

① 자주 그렇다.　　　　② 때때로 그렇다.

③ 가끔 그렇다.　　　　④ 거의 그렇지 않다.

4. 무언가를 깜빡하거나 물건을 잘 잃어버린다.

① 자주 그렇다.　　　　② 때때로 그렇다.

③ 가끔 그렇다.　　　　④ 거의 그렇지 않다.

5. 무언가를 신중하고 집중하는 일에 서툴러서 쉽게 산만해진다.

　① 자주 그렇다.　　　　② 때때로 그렇다.

　③ 가끔 그렇다.　　　　④ 거의 그렇지 않다.

6. 소란스러운 곳에서는 주변의 이야기를 제대로 듣지 않고 집중하지 못한다.

　① 자주 그렇다.　　　　② 때때로 그렇다.

　③ 가끔 그렇다.　　　　④ 거의 그렇지 않다.

7. 물건 찾는 것을 힘들어하며, 실수를 알려줘도 금세 잊어버린다.

　① 자주 그렇다.　　　　② 때때로 그렇다.

　③ 가끔 그렇다.　　　　④ 거의 그렇지 않다.

8. 뭔가에 열중하고 있을 때 말을 걸면 잘 알아차리지 못한다.

　① 자주 그렇다.　　　　② 때때로 그렇다.

　③ 가끔 그렇다.　　　　④ 거의 그렇지 않다.

9. 다른 일을 하기 시작하면 전에 했던 약속이나 시간을 잊어버린다.

　① 자주 그렇다.　　　　② 때때로 그렇다.

　③ 가끔 그렇다.　　　　④ 거의 그렇지 않다.

10. 한 가지 일에 주의를 기울이면 다른 동작이 멈춰진다.

　① 자주 그렇다.　　　　② 때때로 그렇다.

　③ 가끔 그렇다.　　　　④ 거의 그렇지 않다.

산만한 아이가 과연
주의력이 없을까?

— 주의력 검사에서 주의할 점

••• 부주의나 쉽게 산만해지는 문제는 빈도가 매우 높아서 전체 아동의 10퍼센트나 됩니다. 남자 아이는 여자 아이보다 비율이 더 높습니다. 주의력결핍 과잉행동장애(ADHD) 등의 진단을 받는 아이도 전체 아동의 5퍼센트가 넘습니다. 일반적으로 주의력이 없다고 표현하는데 주의력은 사실 그리 단순한 문제가 아닙니다.

실제로 쉽게 산만해지는 문제로 의료기관을 찾는 아이나 어른을 대상으로 주의력에 대해 다양한 방법으로 조사하였습니다. 그런데 의외로 주의력 자체가 확연히 저하된 사람이 있는 반면에, 주의력 저하가 확인되지 않는 사람도 상당수였습니다. 자주 사용되는 주의력 검사 중서너 종류를 실시했을 때 그리 나쁘지 않은 결과를 보인 경우도 많았습니다.

이게 어떻게 된 일일까요? 부주의 때문에 하루가 멀다 하고 물건을 잃어버려서 의료기관을 찾아 검사했더니, 주의력을 나타내는 성적이 저하되어 있기는커녕 평균을 웃도는 사람도 있습니다. 하지만 실제로는 본인도 가족도 어려움을 겪고 있는 상황입니다.

그럴 때는 추가로 다른 유형의 검사를 진행합니다. 그러면 성적이 상당히 나쁜 검사항목을 발견할 수 있습니다. 그제야 발달과제에 어려움이 있다는 걸 알게 됩니다.

그만큼 주의력 부족에는 다양한 요소가 있으며, 부주의 문제에도 여러 가지 원인이 있다는 걸 뜻합니다.

주의력이 하는 역할에는 4가지 기능적 요소가 있으며, 이 요소들은 각각 다른 뇌신경 시스템에 의해 작용합니다. 4가지 요소는 ① 주의의 지속, ② 선택적 주의, ③ 주의의 전환, ④ 주의의 분배입니다.

따라서 주의력을 평가할 때 앞에서 진행한 체크리스트의 개수로 판정하는 것은 적합하지 않습니다. 그것은 기능적 요소 간의 차이를 무시하는 것입니다. 조금 극단적으로 말하면 혈압과 혈당치를 더해서 그 사람이 건강한지를 판정하는 것과 같습니다. '몇 항목 이상 해당되면 의심됨'이라는 식의 체크리스트는 실제로 도움이 되지 않습니다.

오히려 해당되는 체크 항목을 통해 아이에게 어떤 발달과제가 있는지 여부를 파악해야 합니다. 이는 아이의 특성을 더 잘 이해하고자 하는 데 의미가 있습니다.

앞으로 등장하는 모든 체크리스트도 마찬가지입니다. 결코 안이한 '판단'을 하거나 정상과 비정상을 판정해서는 안 되며, 합산한 개수로 장애 여부를 판정하지도 않습니다.

주의력 저하가
주의력 장애? NO

— 주의력의 기능적 요소 4가지

• • •　　다음은 주의력이 하는 역할, 즉 4가지 기능적 요소인 ① 주
의의 지속, ② 선택적 주의, ③ 주의의 전환, ④ 주의의 분배에 대한 설
명입니다.

하나, 주의의 지속

부주의의 문제 중에서 가장 흔한 것은 '주의의 지속'입니다.

주의의 지속이 어려우면 금방 다른 일에 주의가 흐트러지기 때문에
다른 사람의 이야기를 오래 듣지 못하며, 공부나 과제도 길게 집중하
지 못해 효율이 떨어집니다.

또 다른 일에 시선이 분산되므로 과제를 할 때 진도가 나가지 않고
시간이 오래 걸립니다. 매사를 신중하게 추진하기 어려우며 부주의한
실수가 늘어나 컵의 물을 쏟거나 접시나 물건을 떨어뜨리는 일도 자주

발생합니다. 정리도 제대로 하지 못해서 매사가 산만해지기 쉽습니다. 약속을 깜빡하거나 물건을 둔 곳을 잊어버리는 등의 일도 잦습니다. 끈기가 필요한 과제나 복잡하게 얽힌 일은 순조롭게 해내지 못해 힘들어합니다.

주의의 지속이 저하되는 원인은 크게 2가지입니다.

원인 중 하나는 '전두엽 작용의 둔화'입니다.

이 경우 각성도(의식의 청명도)가 떨어져 멍한 것처럼 보일 때가 많습니다. 수면부족이나 피로도 그런 원인이 되는데, 수면과는 관계없이 그런 일이 발생하는 것이 '주의력결핍 과잉행동장애(ADHD)'입니다.

ADHD가 있는 아이는 단조로운 자극만으로도 급격히 각성도가 떨어지고 멍해집니다. 또 우울한 상태에서도 전두엽의 기능이 저하되어

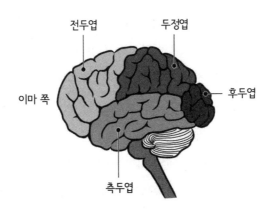

● 전두엽의 위치 ●

전두엽   두정엽

이마 쪽   후두엽

측두엽

자주 멍한 상태가 됩니다. 이전에 유능했던 사람도 집중력이 떨어지면 부주의한 실수가 늘어납니다.

나머지 하나는 이와 정반대로 '너무 과도한 기능'입니다.

조증(기분이 들뜸)이 대표적입니다. 조증 상태에서는 계속해서 아이디어가 샘솟고 관심이나 화제가 옮겨 다닙니다. 이 경우 '주의의 전도성(傳導性, 이동하는 성질)이 항진(기능이 높아짐)되어 있다'고 표현합니다.

이처럼 주의력은 우울증이나 조울증과 같은 감정에 좌우됩니다. 만약 주의력이 사춘기 이후에 강화되었다면 주의가 더 요구됩니다.

ADHD와 비슷하면서도 약간 다른 신기성(神奇性, 새롭고 기이한 성질) 탐구가 강한 유전자 유형도 있습니다. 이 유전자 유형의 사람은 흥미가 없는 일이나 새로움을 느끼지 못하는 일에는 쉽게 질려버리며 금방 지루해합니다. 반면에, 완전히 새로운 자극에는 쉽게 주의를 기울이며 주의의 전도성 항진을 보이는 일이 종종 있습니다.

이 유형이라고 해서 반드시 ADHD라고 할 수는 없지만, ADHD와 함께 나타나는 경우가 많아서 쉽게 동일시되기도 합니다. 어떤 일을 할 때 아주 뛰어난 능력을 보입니다. 그래서 오히려 머리 회전이 빠르고 호기심이 왕성하며 유능한 아이라고 할 수도 있습니다.

이 유형의 아이는 자라면서 행동이 차분해지고 학업이나 일에서 두각을 나타내는 경우가 많습니다. 또한 수동적인 상태에 놓이면 집중력이 저하됩니다. 반면에 신기한 자극에 대해서는 전도성이 항진됩니다. 결국 어느 쪽이 되었든 주의의 지속은 방해받기 쉽습니다.

이를 고려할 때 주의의 지속에 어려움이 있는 아이는 단순히 수동적인 훈련이 아니라 아이 스스로 주체적으로 관여하는 것이 중요합니다. 또 불필요한 자극을 줄이면서 적절하게 신선함을 주는 방법도 필요합니다.

네모네모로직(바둑판 모양 위에 힌트 숫자를 사용하는 로직 퍼즐)과 같은 단조로운 계산이나 처리를 일정 시간 내 반복하는 과제는 주의의 지속 능력을 보여줍니다. 주의의 지속에 어려움이 있는지 아닌지는 행동을 관찰하면 알 수 있습니다. 검사로는 웩슬러 아동지능검사의 '부호 기입'이라는 하위검사가 좋은 지표입니다. 더 좋은 지표는 브르돈 말소 검사(Bourdon'seher Durchstreichte)입니다. 해당되는 것에만 ∨표시를 하며 지워가는 단순 작업을 계속하는 검사인데, 도중에 랩타임(lap time, 한 번 하는 데 걸리는 시간)을 측정하는 것이 핵심입니다. 주의의 지속에 어려움이 있는 사람은 급격히 작업속도가 줄어들거나 불균형이 발생하기 쉽기 때문입니다.

위스콘신 카드분류검사(Wisconsin Card Sorting Test, WCST)에서도 같은 경향을 보입니다. 대다수의 사람들은 처음 검사했을 때 오류가 많고 두 번째 할 때는 학습효과로 인해 오류가 줄어듭니다. 그러나 주의의 지속이 어려운 사람은 처음 할 때는 성적이 좋지만, 두 번째 할 때는 성적이 악화됩니다. 반대의 패턴을 보이는 것이죠. 처음 익숙하지 않는 상황이 더 새로워서 자극이 되고 집중력이 높아진 것입니다. 반면에, 익숙해지는 두 번째 검사에서는 성적이 올라가기는커녕 도리어 질려버리고 오류가 늘어납니다.

주의의 지속에 어려움이 있는 사람은 종종 이렇게 반대의 패턴을 보입니다. 처음에 치른 시험 성적이 좋아서 기대했는데 학원에 다닌 후에 오히려 성적이 떨어지는 경우가 이에 해당합니다.

앞에서 실행한 '주의력' 체크리스트 (1)~(5)는 주로 주의의 지속에 관련된 항목입니다.

둘, 선택적 주의

선택적 주의는 무관한 정보(소음 신호)에 흔들리지 않고 관계가 있는 정보에만 주의를 선택적으로 기울이는 기능입니다. 선택적 주의가 약한 사람은 잡음이 있는 환경에서는 중요한 일에 집중하기 어렵고 심한 피로를 느낍니다.

배경음악이나 사람들의 이야기 소리가 거슬려서 집중하지 못하는 사람이나 떠들썩한 상황에서 대화하는 것을 힘들어하는 사람은 선택적 주의가 약하다고 할 수 있습니다. 중요한 이야기가 아닌 외부의 소음이나 말소리가 귀에 들어오는 것이지요.

선택적 주의가 약하면 물건 찾기를 어려워합니다. 선택적 주의는 관계되어 있는 것만을 검색하는 능력이라고 할 수 있어요. 이것이 약하면 무관한 것에 주의를 빼앗겨 필요한 물건을 효율적으로 찾아내지 못합니다.

자폐스펙트럼장애도 선택적 주의 기능이 떨어지는 경우가 많습니다. 또 정신적으로 고민이 있거나 신경이 과민한 상태에서도 그러한 기능이 손상됩니다. 그 결과 잡념이나 집중력 저하가 발생합니다. 부주의라고 하면 ADHD를 떠올리기 쉽지만 그렇게 단순하지 않습니다.

앞에서 실행한 '주의력' 체크리스트 (6), (7)이 선택적 주의와 관계가 깊습니다. 이밖에 선택적 주의를 측정하는 방법으로는 '스트룹 (Stroop)' 과제의 성적이 좋은 지표가 됩니다. 또 웩슬러 아동지능검사의 '그림 지우기'라는 과제도 선택적 주의의 지표가 됩니다.

셋, 주의의 전환

주의의 전환은 주의의 대상을 바꾸는 기능입니다. 주의의 전환이 약한 사람은 눈앞의 자극이나 반응패턴에 사로잡혀 다른 것으로 바꾸기가 어렵습니다. 그래서 무언가를 시작하면 멈추지 못하거나 한 가지 생각에 빠져서 헤어나기 어렵습니다.

주의의 전환이 잘 안 되는 사람은 시야가 좁아지기 쉽고 과집중하게 되므로 다른 일을 알아차리기 어렵습니다. '나무를 보고 숲은 보지 못하는' 상태가 되어 중요하지 않은 일에 에너지와 시간을 너무 많이 사용해버립니다.

또 변화나 이변을 알아차리는 데도 주의의 전환이 중요합니다. 주의의 전환이 약하면 눈앞에서 평소와 다른 일이 일어나도 알아차리지 못합니다. 물건을 찾거나 실수를 체크하는 데는 앞에 나온 선택적 주의와 더불어 주의의 전환이 관련있습니다.

주의의 전환이 약한 사람은 웩슬러 아동지능검사의 '그림 완성하기'(그림을 보고 빠진 것을 답하는 검사)라는 과제나 위스콘신 카드분류검사의 성적이 좋지 않습니다. 잘못했다는 것을 알고 있으면서도 같은 실수를 반복하는 보속(정체되는 상황)이라는 현상이 나타납니다.

집중력에 그리 문제가 없는데도 주위를 잘 살피지 못하는 사람은 주의의 전환에 문제가 있는 경우가 많습니다.

자폐스펙트럼장애에 함께 나타나기 쉬운 과집중은 주의의 전환이나 다음에 이야기할 주의의 분배를 어려워하는 것과 관련되어 있습니다. 또한 우울이나 불안이 강하고 부정적인 생각에만 사로잡혀 있는 상태에서는 다른 일에 주의를 전환하지 못하기도 합니다.

'주의력' 체크리스트 (8), (9)는 주의의 전환과 과집중에 관한 것입니다.

넷, 주의의 분배

주의의 분배는 동시에 여러 일에 주의를 분배하면서 과제를 수행하는 기능입니다. 주의의 분배가 약한 사람은 한 가지를 작업할 때에 비해 동시에 두 가지를 작업하면 효율이 확연히 떨어집니다.

주의의 분배와 주의의 전환은 같은 기능의 다른 측면이라고 할 수 있습니다. 주의를 분배하여 여러 일을 동시에 진행하려면 주의의 전환이 필요하기 때문입니다. '주의력' 체크리스트 (10)은 동시처리에 관한 것입니다.

주의의 분배가 약한 사람은 웩슬러 아동지능검사의 '기호 찾기' 과제의 성적이 '부호 기입'에 비해 많이 낮습니다. 그리고 주의력 전체의 지표로는 DN-CAS(Das-Naglieri Cognitive Assessment System, 주로 일본에서 많이 사용함) 검사의 '주의'라는 지표가 우수합니다. 이 과제를 통해 표준화된 주의력의 지표를 산출할 수 있습니다.

하지만 안타깝게도 웩슬러 아동지능검사나 웩슬러 성인지능검사, DN-CAS 검사로 주의력 문제를 검출하지 못하는 경우도 있습니다.

이처럼 단순하게 보이는 '주의'라는 기능만 해도 의외로 복잡한 요소로 이루어져 있습니다. 이상의 4가지 기능 중에서 하나만 약한 경우도 있고, 몇 가지 기능에 문제를 보이거나 4가지 모두에서 어려움을 겪는 경우도 있습니다.

게다가 주의력은 정신상태의 영향을 쉽게 받습니다. 예를 들어, 불안이나 긴장이 심하면 익숙하지 않은 장소나 처음 보는 사람 앞에서는 주의력이 쉽게 떨어집니다. 앞에서도 이야기했듯이 우울상태나 조증상태, 수면부족과 피로상태에서도 주의력은 크게 저하합니다. 신경과민이나 환각망상이 있는 경우도 마찬가지입니다.

하지만 주의력 저하가 있다고 해서 주의력 장애라고 단정할 수는 없습니다. 어릴 때부터 계속되는 경우에는 발달장애로 인한 주의력 장애가 있을 수 있습니다.

발달장애 중에서 ADHD를 가진 사람은 특징적으로 ① 주의의 지속에 어려움을 겪습니다. 반면에 ASD(Autistic Spectrum Disorder, 자폐스펙트럼장애)는 ② 선택적 주의, ③ 주의의 전환, ④ 주의의 분배에서 더 어려움을 겪습니다.

주의의 지속은 학력이나 지적능력에 영향을 줍니다. 하지만 선택적 주의나 주의의 전환, 주의의 분배는 지적능력에 영향이 크지 않습니다. 도리어 학력이나 지적능력이 우수한 사람이라도 이런 기능이 약한 경우가 종종 있습니다. 기술자나 연구자는 오히려 과집중하는 경향을 살리기도 합니다.

다만, ②, ③, ④의 문제가 실무 면이나 사회생활 면에서는 지장을 주기 쉽습니다. 따라서 이러한 특성에 대해 미리 파악하여 가소성이 높을 때 훈련을 해두는 것이 좋습니다.

어쨌거나 한 사람 한 사람이 가진 어려움은 다양하게 섞여 있으므로 진단명에 얽매이지 말고 각각의 요소에 대한 발달과제를 파악하는 것이 중요합니다. 한편, 이것 외에도 주의력이 떨어져 보이는 상태가 있습니다. 바로 이어서 설명할 작업기억의 저하입니다.

암산이나 암기가
어려운 이유

— 작업기억의 저하

• • • 　한때는 ADHD에 수반되는 주의력 결핍의 원인이 작업기억의 저하라는 설이 유력했습니다. 하지만 주의와 작업기억은 서로 다른 기능입니다. 뇌기능의 화상검사 등이 발달하면서 작업기억과 주의가 작용하는 뇌 영역이 다르다는 사실이 밝혀졌기 때문입니다.

그러나 둘은 밀접하게 얽힌 작용을 하므로 어느 쪽이 저하되든, 결과적으로는 계산이나 청취 등에서 실수가 늘어나고 '부주의'로 간주됩니다. 증상으로만 보면 작업기억이 저하되든 주의력이 저하되든 똑같은 결과가 나오므로 상세한 검사를 하지 않으면 구분이 어렵습니다.

한 여성은 건망증이 심하고 물건을 자주 잊어버립니다. 일반적인 발달검사를 했는데 아무런 이상이 없었습니다. 작업기억의 지수는 120이나 되었고 처리속도도 110을 넘었습니다. 하지만 더 상세한 주의력 검사를 하니 표준화된 지수가 70대에 머물러 다른 능력에 비해 현저히 낮음이 드러났습니다. 이처럼 특별한 검사를 하지 않으면 원인을 구별하기 힘든 사례도 있습니다.

작업기억 쪽에 문제가 있는 경우에는 암산이나 암기가 어렵고 학습에도 영향을 줍니다. 하지만, 주의력의 문제만 있는 경우에는 지적능력이 높은 사람도 많으므로 구분할 때 주의해야 합니다.

실제 훈련에서는 주의력 혹은 작업기억에만 한정할 필요는 없으며 모두 같이 단련하는 편이 효율적입니다.

다만 둘 다 취약한 아이에게는 상당히 힘든 일을 시키는 상황이 될 수 있습니다. 부담을 줄이기 위해 어느 한쪽에 역점을 두는 방법을 이용하는 것이 좋을 때도 있습니다.

발달검사에서 작업기억이라고 불리는 것은 청각적 작업기억입니다. 청각적 작업기억이 낮은 아이가 주의력도 약할 경우 갑자기 듣는 것에 집중하는 과제를 주면 잘 해내기 어렵고 거부하게 됩니다.

따라서 비교적 수월한 시각적 과제나 행동 과제를 이용한 훈련을 하는 게 좋습니다. 난이도가 높은 청각적 작업기억과 주의력을 필요로 하는 과제는 어느 정도 성취감을 맛보고 동기를 부여한 후에 도전하면 좋습니다.

청각적인 작업기억을 사용하는 훈련에 대해서는 3장의 '작업기억 훈련'에서 다루겠습니다.

주의력을 높이는
실전 훈련

•••   이번 장에서는 몸을 사용한 놀이와 시각적이고 실천해야 할 과제를 이용한 훈련으로 주의력을 높이는 방법을 소개합니다.

주의력 훈련 코 만지기

대상 연령 : 유아 ~ 초등학교 저학년

'코 만지기' 방법

① 훈련자와 아이가 마주 보고 앉는다.

② 훈련자가 "코, 코 ……"라고 말하면서 두 손으로 자신의 코를 만진다.

③ 아이도 두 손으로 자신의 코를 만진다.

④ 다음에는 "머리(몸의 다른 부분)"를 말하고 머리를 만진다. 아이도 훈련자의 신호를 듣고 재빨리 자신의 머리를 만진다.

● 코 만지기 ●

- 아이가 훈련자의 말을 잘 듣고 말하는 대로 자신의 신체 부분을 만지면 됩니다.
- 아이가 익숙해지면 훈련자는 말한 단어와 다른 부분을 만지면서 속임수를 씁니다. 아이는 속지 않기 위해 중요한 부분에 주목해 야 하므로 선택적 주의 훈련이 됩니다.

> ### 💡 훈련 TIP 코 만지기
>
> 놀이나 게임 같은 요소를 적용해 아이의 주의를 높이는 것은 훈련에서 자주 사용하는 기술입니다. 목소리 톤을 바꾸거나 애를 태우면서 아이가 설레게 하고 주목하도록 말을 겁니다. 작은 목소리로 말하면 들으려고 더욱 주의를 기울이게 되는데요. 역할을 바꿔보는 것도 좋습니다.

'코 만지기' 사례

철수는 학교에서 수업에 집중하지 못하고 쉽게 주의가 흐트러지는 아이였습니다. 훈련 중에도 여러 자극에 시선이 가서 주의의 지속이 어려운 상태였지요.

그래서 훈련을 진행하기 전에 "지금부터 재미있는 게임을 시작할 거야. 속지 않고 잘해낼 수 있을까?"라고 말을 걸었습니다.

그러자 평소에는 자기가 좋아하는 것 이외에는 금방 주의가 흐트러지는 철수가 주의를 기울여주었습니다. 다행히 철수는 마지막까지 흥미로워하면서 훈련에 적극 참여하였어요. 그 후의 프로그램에서도 평소보다 집중력을 유지했습니다.

앞으로 철수와 훈련을 할 때는 먼저 몸을 사용해 집중력을 높이는 놀이로 게임처럼 접근한 후에, 다음 과제를 진행하려고 합니다.

대상 연령 : 전 연령

'늦게 내는 가위바위보' 방법

① 훈련자가 "가위바위보"라고 말하면서 '가위'(예를 들면)를 내민다.

② 아이가 훈련자가 내민 손의 모양을 보고 "짠~" 하며 '가위'(무승부)를 내민다.

③ 훈련자가 "가위바위보" 하면서 또 '가위'를 내민다.

④ 이번엔 아이가 '주먹'(승리)을 내밀도록 유도한다.

⑤ 훈련자가 "가위바위보" 하면서 또 '가위'를 내민다.

⑥ 이번엔 아이가 '보자기'(패배)를 내밀도록 유도한다.

- 아이가 처음에는 '무승부', 두 번째는 '승리', 세 번째는 '패배'의 순서가 되도록 진행합니다. 아이가 실수하지 않고 3번 다 제대로 내면 승리, 1번이라도 실수하면 지는 게임입니다.

- 처음에는 천천히 하다가 아이가 조금 익숙해지면 좀 더 빨리 진행합니다. 익숙해지면 내는 순서를 바꿔보는 것도 좋습니다.

- '늦게 내는 가위바위보' 훈련은 주의의 지속과 선택적 주의, 주의의 전환, 시각운동 협응(여러 기관이 타이밍을 맞춰 협력해서 작업하는 것) 등에 효과가 있습니다.

대상 연령 : 전 연령

'스트룹 효과' 방법

22 333 44 6666 555 444 2222 ……

A. 훈련자가 위에 나열한 수열에 대해 "우선 숫자의 수에 관계없이 같은 숫자가 몇 개씩 나열되어 있는지 답해보세요"라고 말한다.

→ 훈련자는 아이가 정답을 맞힐 때 걸리는 시간과 실수한 개수를 기록한다. 정답은 '2, 3, 2, 4, 3, 3, 4 ……'

B. 이번에는 훈련자가 "같은 숫자가 몇 개씩 나열되어 있는지에 관계없이 그 숫자의 값을 읽어 보세요"라고 말한다.

→ 훈련자는 아이가 정답을 맞힐 때 걸리는 시간과 실수한 개수를 기록한다. 정답은 '2, 3, 4, 6, 5, 4, 2 ……'

- A는 '스트룹 효과(Stroop effect, 단어의 의미와 조건이 다를 때 반응속도에 시간이 걸림) 훈련', B는 '역스트룹 효과 훈련'이라고 불립니다.
- 이 과제는 무관한 정보에 방해받지 않고 필요한 정보에만 주의를 기울이는 선택적 주의 훈련입니다.

■ B 문제만 잘 안 되는 경우에는 앞의 문제 패턴에 끌려간 것으로 생각되며 주의의 전환이 약하다는 걸 알 수 있습니다.

ⓥ 훈련 TIP 스트룹 효과

스트룹 효과 훈련은 얼핏 보면 간단해 보입니다. 하지만 많은 아이들이 실수해서 억울해하죠. 이 훈련을 할 때 훈련자는 운동 연습처럼 최대한 밝고 즐거운 분위기에서 활기찬 목소리로 아이에게 말을 걸면 좋아요. 앞의 기록에 비해 성적이 올라갔으면 이를 높이 평가하고, 올라가지 않았다면 노력을 칭찬해줍니다. 같은 패턴의 과제는 지겨워하므로 다양한 형태의 과제를 고민할 필요가 있습니다.

예를 들어, ① 노란색 펜으로 쓴 '녹색' 글자, 녹색 펜으로 쓴 '파랑' 글자, 파란색 펜으로 쓴 '노랑' 글자 등을 펜의 색과 실제 글자의 색을 조합하여 과제로 만들 수도 있어요.

② 1~5의 숫자를 5단계 크기의 활자로 표시하고, 우선 숫자의 값이 가장 큰 것을 고르게 한 후, 다음에는 숫자의 활자가 가장 큰 것을 고르게 하는 방법도 있어요.

대상 연령 : 전 연령

'줄을 그어 숫자 연결하기' 방법

① 훈련자가 종이에 아라비아 숫자 '1~15'와 한글로 수를 읽는 '하나~열다섯'을 순서에 상관없이 적는다. 아이에게 적은 종이를 주고 아라비아 숫자만 1부터 순서대로 줄을 그으라고 한다.

② 이때 훈련자는 스톱워치로 시간을 잰다.

③ 응용 방법으로, 아라비아 숫자와 한글로 수를 읽는 것을 '1~하나~2~둘 ……'이 되도록 줄을 그으라고 할 수 있다.

● **'줄을 그어 숫자 연결하기'의 예** ●

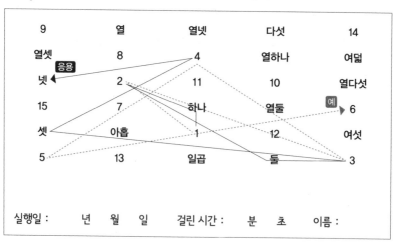

- ‘줄을 그어 숫자 연결하기’ 훈련은 주의의 지속이나 선택적 주의에 효과적입니다.
- 또한 눈과 손의 협응을 사용한 시각·공간처리 능력의 훈련도 됩니다.

⑨ 훈련 TIP 줄을 그어 숫자 연결하기

단순한 훈련을 공부처럼 진행하면 금방 싫증을 느낍니다. 그래서 단순한 훈련일수록 논다는 생각으로 진행하는 것이 중요하며, 최대한 게임이나 운동 경기처럼 진행하면 좋아요.

이때 스톱워치는 필수품이에요. 이전 기록과 최고 기록을 알려주면서 "기록을 갱신하네. 세계 신기록이 탄생하는 거 아냐?"라는 식으로 해설을 덧붙여 분위기를 띄우면 동기부여가 되거든요.

숫자를 순서에 관계없이 쓰는 패턴을 5가지 정도 준비해 트럼프를 할 때 조커 뽑기를 하듯이 고르도록 하면 재미있어요.

대상 연령 : 유아 ~ 초등학생

'기억력 게임' 방법

① 빨강, 파랑, 주황, 분홍, 초록, 노란색의 유리구슬을 준비한다.

② 그중에서 3~5개 구슬을 골라 아이의 눈앞에서 일렬로 줄을 세운다.

③ 줄을 세운 후에 10초 동안 아이에게 구슬의 배치를 기억하게 한다.

④ 10초 후에 칸막이를 세우고 구슬을 감춘다.

⑤ 아이에게 구슬을 건네고 기억한 대로 구슬을 나열하게 한다.

⑥ 아이가 구슬을 전부 나열한 것을 확인한 후 칸막이를 제거한다.

⑦ 훈련자가 나열한 구슬의 배치와 아이가 나열한 구슬의 배치를 비교하고 서로 같은지 함께 확인한다.

■ 시각자극을 단기적으로 기억하고, 기억한 것을 재현하는 훈련입니다.

■ 훈련자가 제시된 것에 아이가 주의를 기울이고 일정 시간 동안 기억을 유지해야 합니다.

■ 이 훈련은 작업기억을 사용함으로써 주의력 향상에 효과적입니다.

- 훈련에 사용할 도구는 구슬이 아니더라도 좋습니다. 집에 있는 사물이나 아이가 좋아하는 물건을 자유롭게 선택해도 됩니다.
- 훈련을 진행할 때마다 "오늘은 무엇이 나올까?"라고 말하며 준비한 도구를 바꿔보는 것도 재미있습니다.

● 기억력 게임 ●

'기억력 게임' 사례

철수는 초등학교 2학년입니다. 어릴 때부터 차분하지 못하고 외출이라도 하면 늘 주변을 돌아다니면서 산만했지요. 학교에 들어가서도 과잉행동이 뚜렷하게 드러나서 학습에 집중하기 어려웠습니다.

철수와는 약 1년 동안 한 달에 2~3번 정도 훈련하고 있습니다. 훈련을 시작했을 무렵에는 한 가지에 주의를 기울이기 어렵고, 한 과제에서 다른 과제로 전환하는 데 상당한 시간이 필요했습니다. 하지만 최근에는 조금씩 앞을 내다보며 행동할 수 있게 되었습니다.

다음은 철수와 진행한 훈련의 사례입니다.

훈련자 : 철수야, 이제부터 기억력 게임을 시작할 거야!

철수 : (흥미진진하게) 어떻게 하는 건데요?

훈련자 : (앞의 순서를 설명한다.)

철수 : 알겠어요! 재미있을 것 같아요!

훈련자 : 그래, 재미있을 거야! 이 게임을 하면 집중력이나 주의력이 향상되고, 기억력도 키울 수 있어!

철수 : 우와, 그거 굉장한데요. 열심히 해볼게요.

훈련자 : 좋았어! 그럼 시작해볼까? 파이팅!

철수 : 파이팅!

우선은 빨강, 파랑, 노란색의 구슬 3개를 사용해 시작했습니다. 철수는 몇 초 만에 배치를 외우고는 "저 벌써 다 외웠어요!"라며 의기양양

합니다. 훈련자가 "10초 동안은 그대로 구슬에 집중해야 해"라고 말해도, 철수는 "문제없어요. 벌써 외웠으니 이제 안 봐도 된다니까요"라며 시선을 다른 곳으로 돌립니다.

하지만 실제로 철수에게 구슬을 배치하도록 시키는 단계에 이르자 외웠던 배치를 잊어버리고 "어라, 뭐였지? 빨간 구슬이 왼쪽이었나? 오른쪽이었나?"라며 혼란스러워합니다.

철수는 '제대로 봐두지 않으면 기억하지 못한다'는 것을 실감했어요. 그래서 다음 문제부터는 10초 동안 "빨강, 파랑, 노랑", "빨강, 파랑, 노랑"이라고 배열 순서를 계속 소리 내어 말하는 방법을 스스로 적용했습니다.

그 결과 문제의 정답을 멋지게 맞췄습니다. 철수는 "우왓! 다 맞췄네!"라며 매우 기뻐했습니다.

훈련자가 "철수야, 말하면서 암기하는 방법을 잘 썼구나"라고 칭찬했어요. 철수는 "네, 계속 소리 내서 말하니까 안 잊어버렸어요. 다음에는 네 개로 해봐요!"라며 신나서 구슬의 수를 늘리자고 스스로 제안도 했습니다.

철수는 자신이 출제자가 되고 훈련자가 답을 풀자고 제안하거나, 똑바로 나열하지 않고 사각이나 삼각형으로 배열하는 등 문제 내는 방법을 다양하게 제안하기도 했습니다.

그런데 실제로 형태를 만드는 문제에 도전하니 형태와 색의 조합 두 가지를 기억해야 해서 철수가 상당히 힘들어했어요. 그래도 "재미있었어요! 또 해요!"라며 웃었습니다.

처음에 철수는 무슨 일이든 본인이 잘 못한다는 생각을 갖고 있었으며 실패를 두려워했습니다. 하지만 기억력 게임을 통해 "해냈다!", "알았다!"라는 성공체험을 거듭하면서 자신감을 갖게 되었고 적극성도 향상되었습니다.

> ### 💡 훈련 TIP 기억력 게임
>
> 약간 쉬운 설정에서 시작해 조금씩 구슬의 개수를 늘려가는 식으로 수준을 높입니다. 그리고 철수가 스스로 아이디어를 제안한 것처럼, 즐거운 분위기에서 출제자와 답을 푸는 사람을 번갈아 바꾸며 진행하는 아이디어를 제안하는 것도 좋아요.

주의력 훈련 사라진 것 찾기

대상 연령 : 유아 ~ 초등학생

'사라진 것 찾기' 방법

① 바닥에 장난감이나 인형, 문구 등 5~10개 정도를 놓아둔다.

② 아이에게 바닥에 뭐가 놓여 있는지 10초 동안 잘 살펴보게 한다.

③ 아이를 뒤돌아보게 한 후, 1개만 옆의 상자에 넣어 감춘다.

④ 아이에게 무엇이 사라졌는지를 알아맞히게 한다.

■ '기억력 게임'을 변형시킨 훈련입니다.

■ 이 훈련은 시각적인 단기기억도 사용하지만 눈앞에 없는 것을 알 아차리기 위한 주의의 전환에도 효과적입니다.

주의력 훈련 **몰래 추가하기**

대상 연령 : 유아 ~ 초등학생

'몰래 추가하기' 방법

- 바로 앞에서 소개한 '사라진 것 찾기' 방법과 반대로 없던 것을 몰래 추가하여 무엇이 늘어났는지를 맞추게 합니다.
- '사라진 것 찾기'를 어려워하는 아이들 중에는 '몰래 추가하기'를 더 쉽다고 느끼는 아이들이 많습니다.
- 어느 쪽이든 처음에는 적은 개수로 시작해서 아이가 해결할 수 있는 한계까지 물건의 개수를 늘립니다.

대상 연령 : 유아 ~ 초등학교 저학년

'그림카드 짝 맞추기' 방법

① 그림카드 중에서 하나를 아이에게 보여준 후 뒤집어서 놓는다.
② 아이에게 나머지 그림카드 중에서 앞에서 보여준 카드 그림과 같은 것을 찾도록 한다. 찾은 그림카드는 아이가 가지도록 한다.

- '그림카드 짝 맞추기'는 같은 그림을 찾아내는 훈련입니다.
- 주의력과 시각적인 단기기억을 향상시키는 데 효과적입니다.

'그림카드 짝 맞추기' 사례

영수는 말이 늦어서 유치원에서도 혼자 겉도는 일이 많고, 칭찬받는 일이 별로 없어서 자신감이 부족한 아이였습니다. 하지만 '그림카드 짝 맞추기'를 하면서 기억력이 아주 좋다는 것을 알게 되었습니다. 이것을 몇 번 하자 훈련자는 상대가 안 될 만큼 실력이 부쩍 좋아졌습니다.

그것이 얼마나 좋았는지 집에서도 가족을 상대로 즐기게 되었고, 주변으로부터 "대단한걸. 기억력이 아주 좋구나!"라는 칭찬까지 들었습니다. 이 일을 계기로 영수는 자신감을 가지게 되었습니다. 그 전에는 멍하게 있는 일이 많았는데, 이제는 집중력도 몰라보게 향상되었습니다.

제3장

작업기억 훈련

학습능력이 떨어지는
아이의 작업기억
향상시키기

◇
◇

이번 장에서는 이야기를 듣거나 글을 읽고 계산을 할 때 반드시 필요한 작업기억 훈련을 진행하겠습니다.

작업기억이 무엇이고 왜 중요한지 설명하며, 아이 연령별 작업기억 기준을 알려줍니다. 그리고 작업기억을 향상시키는 훈련을 본격적으로 소개합니다. 먼저 아이의 작업기억 상태를 알 수 있는 '체크리스트'를 확인합니다.

아이의 '작업기억' 확인하기

※ 다음 체크리스트는 아이의 작업기억 능력을 알기 위한 것으로, '정상'과 '비정상'을 판정하는 기준이 아닙니다.

··'작업기억' 체크리스트··

1. 들었는데 금방 잊어버리는 일이 있다.

① 자주 그렇다.　　　　② 때때로 그렇다.

③ 가끔 그렇다.　　　　④ 거의 그렇지 않다.

2. 복잡하게 얽힌 이야기는 머리에 잘 들어오지 않는 것 같다.

① 자주 그렇다.　　　　② 때때로 그렇다.

③ 가끔 그렇다.　　　　④ 거의 그렇지 않다.

3. 계산, 특히 암산이 어렵다.

① 매우 그렇다.　　　　② 어느 정도 그렇다.

③ 별로 그렇지 않다.　　④ 전혀 그렇지 않다.

4. 숫자를 거꾸로 말하기(예를 들면, 3-7-6-4인 경우에 4-6-7-3 답하기)는 몇 자리까지 가능한가요?

① 3자리 미만　　　　② 4자리

③ 5자리　　　　　　④ 6자리

5. 지금부터 문장을 한 번만 읽으므로 잘 듣고 똑같이 반복해주세요.

① 종호의 동생은 어제 4살이 되었습니다.

② 유나는 줄넘기를 잘해서 이단뛰기를 5번이나 할 수 있습니다.

③ 앞의 사거리에서 좌회전을 하고 60미터 정도 가서 골목의 신호가 있는 곳에서 우회전하세요.

④ 피터팬은 이야기의 주인공입니다. 네버랜드에 살고 있으며 해적선의 후크선장과 매일 싸우고 있습니다.

작업기억이
가장 많이 요구될 때

— 사고를 지탱하는 작업기억

• • •　　작업기억은 몇 초에서 수십 초 정도의 짧은 시간 동안 들은 것이나 본 내용을 일시적으로 기억해두는 메모 같은 기억이에요.

들은 내용을 머릿속에 넣어두는 청각적 작업기억이나 본 것을 뇌리에 저장해두는 시각적 작업기억이 있으며, 감각의 상태에 따라 세분화되어 있습니다. 사람에 따라 청각적 작업기억이 약해서 들은 내용은 금방 머리에서 빠져나가지만, 눈으로 본 것은 오래 기억하는 사람이 있어요. 그 반대인 경우도 있습니다.

이것은 각각 어느 정도 독립된 기능이지만 공통되는 부분도 있습니다. 근본적으로 작업기억이 약하면 둘 다 약할 뿐만 아니라 머릿속으로 생각을 유지하기 어렵고 복잡한 사고를 하기가 힘들어집니다.

'5천 원짜리 물건을 10퍼센트 할인해서 사고 1만 원을 내면, 거스름돈은 얼마를 받아야 할까?'

이런 경우를 머릿속으로 생각할 때 5천 원이나 10퍼센트, 1만 원 등의 숫자를 기억해둬야 합니다. 뿐만 아니라 물건을 할인해서 사고 돈을 지불하고 거스름돈을 받는 전체 상황을 이해하고 기억해야 합니다.

이 문제를 풀려면 작업기억이 필요합니다. 숫자를 정확히 기억하고 물건을 사는 과정을 파악해서, 이 둘을 머리에 저장하고 있을 때 비로소 공식을 세우고 계산할 수 있습니다. 물론 공식을 머릿속에 세우고 암산으로 계산하는 데도 작업기억이 필요합니다.

작업기억은 생각과 관련된 메모장과 같습니다. 실제로 작업기억이 약한 사람도 메모를 해서 기억하면 잊어버린 것이나 실수를 줄일 수 있습니다.

작업기억은 계산이나 청취, 문장을 읽는 것뿐만이 아니라 여러 가지 작업이나 의사소통에도 필요합니다. 작업할 때의 순서나 주어진 정보를 기억해두지 않으면 제대로 진행할 수 없고, 상대방의 말을 기억하지 못하면 엉뚱한 대화를 하게 됩니다.

더 복잡한 사고나 추론, 판단을 하는 경우에는 작업기억을 풀가동합니다. 작업기억이 약하면 눈앞의 한두 가지 정보로만 상황을 판단해 본질을 깊이 생각하지 않고 원인과 결과를 성급하게 결정해 버립니다.

예를 들어, 다음과 같은 스토리 힌트 퀴즈가 있다고 가정해봅시다.

"이것은 신맛이 나는 음식입니다. 노란색을 띠고 있어요. 외래어 표기로 세 글자인 단어입니다. 이것은 무엇일까요?"

처음에 나온 '신맛이 나는 음식입니다'라는 조건을 잊어버리고, '노란색을 띠고 있어요'와 '외래어 표기로 세 글자인 단어입니다'라는 정보만으로 생각하면 '바나나'라고 답할 수도 있지요.

실제 사건들에는 더 많은 정보가 주어지고 거기서 적절한 답(반응)을 끌어내야 합니다. 중요한 정보가 하나라도 빠지면 엉뚱한 답을 생각하게 됩니다.

작업기억이 약한 경우에 발생하기 쉬운 문제 중 하나로 학습문제가 있습니다. 청각적 작업기억이 약한 아이는 청취를 어려워합니다. 선생님의 이야기를 듣는 형식의 수업은 머릿속에 남기 힘듭니다. 그림이나 영상, 구체적인 작업이나 실험 등이라면 수월할 것입니다. 또는 책을 읽으면서 스스로 공부하는 편이 머리에 잘 남는 경우도 있습니다.

시각적 작업기억이 약한 아이는 글을 옮겨 쓰는 데 어려움을 느끼며 공책에 글을 적는 일도 힘듭니다. 읽은 것이 머릿속에 남기 힘들어 책을 읽기보다는 이야기를 듣는 편이 이해하기 쉽습니다. 작업기억 전반이 약한 경우에는 지식을 획득하기가 힘들고 응용문제를 특히 어려워합니다.

학습장애를 가진 아이들에게서 작업기억의 저하를 동반하는 경우가 많습니다. 학습장애의 요인은 하나가 아니라 여러 가지가 있지만, 작업기억이 약한 것도 한 가지 중요한 요인이 됩니다.

아이 연령별 작업기억
평가 기준

— 작업기억 평가

• • •　　　청각적 작업기억이 약하면 읽기에 비해 청취가 약해서 들었는데도 그 내용이 머릿속에 남지 않는 일이 자주 발생합니다. 또 암산도 잘 못하며 복잡하게 얽힌 일을 머리로 생각하는 것도 어려워하죠. 그래서 몇 가지 조건을 사용하는 복잡한 문제에 부딪히면 머릿속이 뒤죽박죽이 됩니다.

'작업기억' 체크리스트 (4)인 '숫자 거꾸로 말하기'는 작업기억의 한 가지 지표입니다. 어디까지나 대략적인 잣대지만

- 6~7세에는 네 자리,
- 8~10세에는 다섯 자리,
- 11세 이상인 경우에는 여섯 자리까지 기억할 수 있습니다.

'작업기억' 체크리스트 (5)인 '문장을 외워서 말하기'의 경우,

- 6~7세는 어느 문장이든 한 군데만 틀리고,

- 8세는 한 문장 이상 완벽하게,

- 9세는 두 문장 이상 완벽하게,

- 10~11세에는 세 문장 이상 완벽하게,

- 12세 이상은 네 문장 모두 완벽하게 답하는 것이 기준입니다.

너무 실수가 많거나 기준을 크게 밑도는 경우에는 작업기억의 저하가 의심됩니다.

정확한 측정을 위해서는 웩슬러 아동지능검사가 필요한데, 여기서 '작업기억'이라는 과제가 아동에게 자주 쓰이는 작업기억의 지표입니다. '숫자 말하기', '산수', '소리 정렬'이라는 세 가지 과제로 측정합니다.

청각적보다 시각적 작업기억이
강했던 이유

― 작업기억 단련

••• 　주산의 달인은 몇십 자리의 숫자를 암산으로 계산합니다. 그들은 암산할 때 시각과 관련된 영역이 활발히 작용하므로 방대한 시각적 작업기억을 사용한다고 할 수 있죠.

이러한 달인도 처음부터 어려운 암산을 해낸 것은 아닙니다. 훈련을 거듭한 결과 그 경지에 이른 것입니다.

작업기억은 절대 고정된 능력이 아닙니다. 사용하면 단련되어 강화되지만, 뛰어난 작업기억을 가지고 있어도 사용하지 않으면 쇠퇴합니다.

사실 학창시절에 우리가 매일 받은 학습에는 작업기억 훈련이 포함되어 있습니다. 매일 숙제로 나온 계산과 글씨 쓰기는 모두 작업기억의 훈련이 된 셈입니다.

다만 학교에서는 시각적 작업기억 쪽에 더 중점을 두고 있을 수도 있습니다. 최근 수십 년 동안 교육현장에서 청각적 작업기억을 단련하는 훈련은 의외로 적었거든요.

다른 나라의 어학수업에서는 '받아쓰기'라고 해서 선생님이 읽어준 문장을 받아쓰는 학습법이 자주 이용됩니다. 이 방법은 청취와 받아쓰기 두 가지를 훈련할 수 있어서 매우 효과적으로 작업기억을 단련할 수 있습니다.

문장을 통째로 외워서 말하는 '외워 말하기' 방법도 고전적이기는 하지만 작업기억을 단련하는 데 효과적이에요.

트로이 유적 발굴로 유명한 하인리히 슐리만은 10개 이상의 외국어를 할 줄 아는 어학의 달인이었는데요. 그는 그날 공부한 외국어 문장을 반드시 외워서 말했다고 합니다. 외워서 말하기가 처음에는 매우 어렵게 생각되지만 계속 하다보면 작업기억이 점차 강화되어 힘들이지 않고 외울 수 있습니다.

하지만 원래부터 작업기억이 약한 아이에게 이런 것을 억지로 강요하면 좌절하고 더 싫어할 뿐이에요. 따라서 놀이처럼 재미있게 작업기억을 단련해야 합니다.

청각적 작업기억을 강화하는
실전 훈련

•••   이번 장에서는 말이나 지식의 학습과 청취, 의사소통 능력과도 깊은 관계를 가지는 청각적 작업기억 훈련을 중심으로 살펴보겠습니다.

청각적 작업기억 훈련 따라 말하기 연습

대상 연령 : 전 연령

'따라 말하기 연습' 방법

① 처음에 짧은 문장 또는 긴 문장을 짧게 나누어 연습하고 점차 긴 문장에 도전하게 합니다.

② 문장은 아이의 관심을 끌 만한 것으로 고릅니다.

③ 말장난이나 빨리 말하기, 재미있는 이야기, 기대되는 이야기 등 문장의 수준과 전체적인 문장 길이도 수준을 높여가면서 진행합니다.

④ 모르는 말이 나오면 뜻을 알려주거나 내용에 대해 생각한 것을 이야기해주면서 대화를 즐겁게 합니다.

⑤ 아이가 힘들어하지 않도록 한 번의 연습시간은 짧게 진행합니다.

■ 글을 읽어주고 그것을 그대로 반복하게 하는 따라 말하기(repeating, 반복) 연습 훈련입니다.

■ 작업기억을 단련시킬 뿐만 아니라 언어 능력이나 어휘력 강화에도 도움이 됩니다.

'따라 말하기 연습' 사례

영희는 초등학교 2학년입니다. 훈련자인 저를 찾아왔던 당시에는 무엇을 하든 차분하지 못하고 한 가지 일에 집중하기 어려웠습니다. 또 학교생활에서도 수업 중에 가만히 있지 못하거나 선생님의 지시대로 행동하지 못해 지적을 받는 경우가 많았다고 합니다.

학습 면에서는 특히 글자를 읽고 쓰는 것을 어려워했습니다. 하지만 최근에는 문장을 쓰거나 읽는 데 조금씩 의욕을 보이고 있으며 과제에도 집중할 수 있게 되었습니다.

영희와 처음 따라 말하기 연습을 했던 때의 상황을 소개하겠습니다.

🧑 훈련자 : 오늘은 선생님이 읽어준 이야기를 그대로 똑같이 말하는 연습을 해보자.

👧 영희 : 에이, 그런 거 못해요. 저는 못 외워요. 선생님은 긴 글을 읽을 거잖아요.

🧑 훈련자 : 걱정하지 마. 조금씩 나눠서 읽어줄 거니까.

👧 영희 : 정말요? 알았어요. 그러면 저도 열심히 해볼게요!

🧑 훈련자 : 다행이다! 그럼 지금부터 선생님이 이야기를 읽어줄 테니까 어떤 이야기인지 내용을 잘 들어봐.

영희의 따라 말하기 연습 – 과제 문장

1월 11일은 아빠의 생일입니다. 하지만 그날은 아빠가 퇴근이 늦어져서, 1월 12일에 가족들이 생일파티를 하기로 했습니다. 저와 엄마, 동생 이렇게 셋이서 아빠가 좋아하는 초콜릿 케이크를 만들기로 했습니다.

생일파티하는 날에 엄마랑 같이 근처의 슈퍼로 재료를 사러 갔습니다. 밀가루를 섞어 오븐에 넣는 데까지는 저와 엄마가 담당했습니다. 구워진 케이크에 과일을 장식하는 것은 저와 동생이 담당했습니다. 아빠가 퇴근하고 생일파티를 시작했습니다. 다 같이 만든 케이크를 보고 아빠는 "우와! 정말 맛있겠네"라며 매우 기뻐하셨습니다.

실제로 훈련을 진행해보니 영희는 한두 어절은 거의 정확하게 듣고 따라할 수 있었습니다. 하지만, 세 어절 이상은 불안한 표정이 보였고 미묘한 실수가 나타났습니다. 그래도 중간에 포기하지 않고 마지막까지 의욕적으로 진행했습니다. 이후 이야기를 다시 한 번 처음부터 끝까지 읽어준 후 질문을 했습니다.

훈련자 : 이야기의 내용을 떠올려볼까? 어떤 내용이었지?

영희 : 아빠의 생일 파티 이야기! (자신 있게 대답)

훈련자 : 아빠의 생일이 언제였지?

영희 : 1월 11일!

훈련자 : 맞았어! 그럼 생일 파티를 한 날은 언제였을까?

영희 : 1월 12일!

훈련자 : 우와, 굉장한데! 역시 제대로 들었구나. 그럼 생일 파티
에는 무엇을 만들었지?

영희 : 초콜릿 케이크요!

💡 훈련 TIP 따라 말하기 연습

처음부터 한 마디 한 마디를 정확히 듣고 따라 하는지에만 초점을 맞추면 아이는 긴장감과 불안이 심해져 훈련을 즐겁게 하지 못합니다. 이 점을 고려해서 되도록 지적하지 말고 아이가 흥미를 갖고 즐겁게 진행할 수 있는 분위기를 만드는 데 신경을 씁니다. 그 후 아이가 훈련에 익숙해지면 조금씩 이야기의 내용을 복잡하게 하거나 문장의 양을 늘려도 됩니다. 또 "다음에는 어떤 이야기로 연습해볼까?", "너는 어떤 이야기로 해보고 싶니?"라고 아이와 함께 다음에 도전할 훈련의 내용을 생각해보는 것도 좋습니다.

대상 연령 : 초등학생 이상

'받아쓰기 연습' 방법

① 처음에는 한 어절씩 나누어 받아쓰는 것부터 시작합니다.

② 두 어절, 세 어절에 이어 점차 한 문장으로 길이를 조절해갑니다.

③ 흥미를 가질 만한 글(웃긴 이야기나 신기한 이야기 등)로 진행하면 덜 지루할 것입니다.

■ 문장을 읽어주고 받아쓰게 하는 훈련입니다.

■ 청각적 작업기억 훈련과 글씨 연습에도 도움이 됩니다.

■ 아이가 흥미를 가질 만한 내용의 문장이나 재미있는 스토리를 활용해 즐겁게 진행하세요.

■ 과제는 쉬운 것부터 시작해 서서히 난이도를 높여가고 2~3문제를 10분 정도에 할 수 있는 내용으로 고르세요.

■ 매번 조금씩 연습하면 효과적입니다.

■ 너무 부담이 크면 거부반응이 심해지니 과하지 않도록 하는 것이 중요합니다.

■ 글을 잘 쓰지 못하는 아이도 서서히 긴 글을 받아쓸 수 있게 되면 글의 리듬이나 감각을 익히게 되고 글을 쓰는 데 거부감이 사라지면서 자신감도 생깁니다.

'받아쓰기 연습' 사례

2년 전에 훈련을 시작한 초등학교 2학년인 철호는 말이 늦어서 대화가 제대로 되지 않는 상태였어요. 하지만 최근에는 회화 실력이 상당히 향상되었습니다. 현재의 과제는 복잡하게 얽힌 내용에 대해서는 청취가 약하다는 것과 쓰기에 어려움을 느낀다는 것입니다. 그런 철호와 받아쓰기를 적용한 훈련을 실시한 사례입니다.

훈련자 : 오늘도 이야기를 들으면서 받아쓰는 연습을 해볼까 하는데 어때?

철호 : 아, 그거요? 오늘은 지난번보다 짧은 이야기로 해주세요. (웃음)

훈련자 : OK! (웃음) 오늘도 재미있는 이야기를 준비해왔으니까 어떤 이야기가 나올지 기대해봐.

철호 : 네!

훈련자 : 오늘은 이야기를 전부 다 들은 후에 또 한 가지 재미있는 걸 해볼 거야.

철호 : 그게 뭔데요?

훈련자 : 뭘까? 조금 있다가 알게 될 거야.

철호 : 아, 궁금하다. 빨리 이야기 읽어주세요~.

철호의 받아쓰기 연습 - 과제 문장

다인이가 보물을 발견했습니다. 지금부터 보물이 있는 곳을 알려준다고 해요. 먼저 다인이는 캠프장에서 산을 향해 걸어갔습니다. 큰 숲이 있는데 그곳을 빠져나가면 작은 호수가 나와요. 호수를 헤엄쳐 건너면 또 길이 나옵니다. 걸어가면 산기슭에 동굴이 있습니다.

안에 들어가려고 하니 사자가 입구에서 낮잠을 자고 있네요. 다인이는 사자가 깨지 않도록 살짝 다리를 벌리고 꼬리를 넘었습니다. 그리고 동굴 구석에 있는 보물 상자를 발견했습니다.

익숙해진 덕분인지 철호는 세 어절 정도는 정확히 듣고 받아쓸 수 있습니다. 이야기의 내용에도 흥미를 보였습니다.

🧒 철호 : 사자가 자고 있다고요? 다인이가 무척 용감하네요. 선생님, 아까 기대하라고 하셨던 다른 재미있는 일은 뭐예요?

🧑 훈련자 : 다인이의 보물 이야기가 나온 김에 보물지도를 만들어보면 좋을 것 같은데 어떠니?

🧒 철호 : 지도를 만드는 거예요?

🧑 훈련자 : 맞아.

🧒 철호 : 우와! 저 지도 그리는 거 좋아해요.

🧑 훈련자 : 그럼 선생님이 시작 지점인 캠프장을 그릴 테니까 그 다음부터는 네가 그려줄래?

🧒 철호 : 네, 알겠어요!

철호는 열중해서 숲과 호수, 사자의 꼬리 등을 그렸습니다. 그리고 완성된 지도를 보면서 "이 지도를 보면 누구든지 보물을 찾을 수 있겠네!"라며 좋아했습니다.

> ### ⓘ 훈련 TIP 받아쓰기 연습
>
> 아이가 기대감을 갖도록 이야기를 재미있게 전개하면, 이야기를 잘 받아쓰지 못하던 아이라도 동기부여가 됩니다. 받아쓴 내용을 그림이나 도형 등으로 만드는 아이디어를 추가하면 5장에서 설명할 '시각·공간인지 훈련'에도 도움이 됩니다.

대상 연령 : 전 연령

'청취 연습' 방법

① 아이가 갑자기 전체 문장을 받아쓰고 질문에 답하는 것이 어려울 수 있으므로 미리 질문내용이 적힌 워크시트(간단히 정보를 적은 용지)를 준비해서 나눠준다.

② '친구와 놀기로 약속하는 장면'을 이야기하는 경우, 워크시트에 '어디서 모일 것인가', '몇 시에 모일 것인가', '준비물은 무엇인가' 등의 주요사항이 적혀 있다.

③ 아이는 문장을 제대로 듣기 위해 집중하면서 '친구와 약속을 할 때는 집합장소나 집합시간, 준비물 등을 확인해야 한다'는 일상생활 속의 상식이나 규칙에 대해 배울 수 있다.

■ 짧은 이야기를 들은 후에 그 이야기의 내용에 대해 질문하고 답하는 청취 연습 훈련입니다.

■ 상대방의 이야기에 주의를 기울이는 힘, 그 내용을 기억하는 힘, 그리고 내용을 머릿속에서 요약하는 힘을 기르는 훈련입니다.

■ 읽어주는 이야기의 내용에 아이디어를 더하면 일상생활의 규칙이나 친구와 소통하는 법을 익히는 데도 도움이 됩니다.

'청취 연습' 사례

유리는 초등학교 2학년입니다. 한 가지 일에 주의를 유지하기가 어려워 수업 중에도 멍하니 밖을 바라보거나 자신의 세계에 빠져버리는 경우가 자주 있습니다. 다음은 유리와 청취 연습을 시작한 후 두 번째 진행한 수업입니다.

유리의 청취 연습 – 과제 문장

민영이와 유리는 방과 후에 함께 놀기로 약속을 하고 있습니다.

민영이가 "전에는 우리 집에서 놀았으니 이번에는 중앙공원에서 놀고 싶어"라고 말했습니다. 유리는 "좋아, 그렇게 하자! 그럼 중앙공원 분수 앞에서 3시에 만나자"라고 제안했습니다. 민영이가 "오늘은 모래놀이를 하자. 삽이랑 통도 갖고 나와서 만나자"라고 하자, 유리는 "그래! 모래놀이 재미있겠다"라고 웃으며 답했습니다.

전체 문장을 받아쓰고 질문에 답하는 것이 어려운 경우에는 미리 질문내용이 적힌 워크시트를 준비해 나눠줍니다. 유리도 처음에는 그렇게 했습니다.

워크시트가 있으면 이야기를 들은 후에 어떤 질문이 나올지 미리 알 수 있어서 아이가 여유롭게 과제에 임할 수 있습니다.

반면에 유리에게 '질문과 관계가 없는 부분은 대충 흘려들어도 되겠어'라는 마음이 생겼어요. 그래서 훈련자가 다른 부분을 읽어줄 때는 주의가 흐트러지기 쉬웠습니다.

청취 연습

( )월 ( )일 ( )요일

① 민영이와 유리는 어디서 만나기로 했나요?

② 몇 시에 만나기로 했나요?

③ 무엇을 들고 가기로 했나요?

훈련자 : 유리야, 방심하고 있다가는 중요한 내용이 언제 지나가는지도 몰라.

유리 : (여유롭게) 괜찮아요! 문제없어요.

(하지만 실제로 들어야 할 내용을 놓쳐버리고 만다.)

유리 : (안타까운 표정을 보이며) 아 …….

(그 실수를 계기로 그 다음 부분부터는 잘 집중해서 읽어주는 문장에 귀를 기울인다.)

훈련자 : 이번엔 워크시트 없이 해보자.

유리 : (어두운 표정으로) 그건 잘 못하는 건데요. 이야기를 전부

다 들어야 하니까 피곤해져요.

🧑 훈련자 : 아까 문제도 끝까지 집중해서 잘 들었잖아. 아까처럼 하면 잘 될 거야.

👧 유리 : (고개를 끄덕인다.)

실제로 유리는 워크시트가 없이 과제를 진행했어요. 지난번 수업 때는 워크시트가 없으면 흘려듣는 것도 있고 오답도 눈에 띄었지만, 이번에는 모든 질문에 제대로 대답했습니다.

🧑 훈련자 : 유리야, 끝까지 집중을 잘했네. 정말 잘 들었어!

👧 유리 : 아이고 피곤해라. 진짜 길었어요. (긴 숨을 내쉬는 동시에) 이번에는 저번보다 더 잘 들었죠? (웃음)

> ### 💡 훈련 TIP 청취 연습
>
> 처음에는 짧은 이야기부터 시작합니다. 과제에 익숙해지고 자신감이 생기면 서서히 긴 이야기에 도전하게 하세요. 또 처음에는 워크시트를 이용하는 등 미리 어떤 이야기를 읽어줄지, 어떤 질문이 나올지를 제시해주는 것도 좋습니다.
>
> 이 과제는 일상생활의 규칙을 익히거나 친구들과의 소통방법을 배우는 데 활용할 수 있습니다. 청취 연습을 끝낸 후 "오늘은 친구들과 약속하는 것에 대한 이야기를 들었네. 친구들과 약속을 할 때는 모이는 장소, 시간, 준비물을 확인해야 된다. 그렇지?"라며 내용에 대해 되풀이하거나 확인해주면 정착되기 쉽습니다.

제4장

언어와 말하기 훈련

말이 늦는 아이의
언어 능력과
사회성 키우기

◇
◇

이번 장에서는 지적능력이나 의사소통의 중요한 핵심 중 하나인 언어 능력의
발달을 돕는 훈련을 진행하겠습니다. 아이의 언어를 발달시키는 비결을 알려주
고, 언어 발달을 위해 예전부터 부모들이 해왔던 방법도 소개합니다.
먼저 언어와 말하기 능력을 파악할 수 있는 '체크리스트'를 확인합니다.

아이의 '언어와 말하기 능력' 확인하기

※ 다음 체크리스트는 아이의 언어와 말하기 능력을 알기 위한 것으로, '정상'과 '비정상'을
판정하는 기준이 아닙니다.

·· '언어와 말하기 능력' 체크리스트 ··

1. 인사나 필요한 일상대화를 할 수 있나요?

① 스스로 말할 수 있다.

② 말을 걸면 대답할 수 있다.

③ 가족과 함께 있을 때는 할 수 있지만 밖에서는 말하지 않는다.

④ 가족과도 말하지 못한다.

2. 발음은 명료하고 알아듣기 쉽나요?

① 명료하고 억양도 적절하다.

② 조금 불명료하지만 큰 지장은 없다.

③ 불명료해서 알아듣기 어렵거나 억양이 자연스럽지 않다.

④ 익숙한 사람 이외에는 거의 알아듣지 못한다.

3. 질문에 적절히 대답하나요?

① 거의 정확히 대답한다.

② 대답하지만 조금은 이해하기 힘들다.

③ 질문을 벗어난 대답이나 관계없는 이야기만 한다.

④ 거의 대답이 없다.

4. 말로 상황을 전달할 수 있나요?

① 밖에서 있었던 일을 잘 알아듣도록 이야기한다.

② 스스로 이야기하지만 내용은 조금 애매하다.

③ 물어보면 이야기하지만 상황을 잘 파악하기 힘들다.

④ 물어봐도 거의 이야기하지 않는다.

5. 익숙하지 않은 말을 들으면 관심을 보이나요?

① 즉시 관심을 보이고 당장 자신도 사용하려고 한다.

② 말의 의미를 물어보지만 자신이 사용하는 일은 거의 없다.

③ 별로 관심을 보이지 않고 정해진 단어로만 얘기하는 경우가 많다.

④ 말로 전달하기보다 동작이나 상대방 몸을 사용해 자신의 의도를 전달한다.

6. 남들 앞에서 이야기를 할 수 있나요?

① 학교에서도 집에서처럼 의견이나 생각을 발표할 수 있다.

② 이야기하지만, 무슨 이야기를 하려는지 조금은 이해하기 어렵다.

③ 말을 못하지는 않는데, 긴장해서 목소리가 작아지거나 말이 막히면서 발표를 피하려고 한다.

④ 가족 이외의 사람들 앞에서는 거의 말하지 않는다.

아이의 언어를
발달시키는 비결

— 말이 빠른 아이, 늦은 아이

• • •　　　언어 발달은 운동이나 사회성 발달과 더불어 아이의 발달에서 중요한 주제입니다. 일반적으로 1세에서 1세 반까지는 겨우 단어를 몇 가지 말하는 정도지만, 2세 무렵에는 두 어절을 이야기하기 시작합니다.

3세부터는 말이 급속히 발달하기 시작해 자신의 욕구나 의견을 전달하고 부모가 하는 말을 어느 정도 이해할 수 있게 됩니다. 발달이 순조로울 경우 4세가 되면 구어적인 표현이 거의 완성되고 대부분의 단어를 사용할 수 있습니다.

그렇지만 일반적인 발달과정이 누구에게나 해당되지는 않습니다. 물리학자 아인슈타인이나 소설가 플로베르처럼 4세까지 거의 말을 하지 않다가 갑자기 급속도로 많은 말을 사용하는 아이도 있습니다.

처음 내뱉는 말(초어)이 빠르다고 해서 반드시 구어의 완성이 빠르다고 할 수 없고, 말이 늦지만 지능이 우수한 경우도 있습니다.

운동 발달과 언어 발달의 속도가 반드시 일치하는 것은 아닙니다. 빨리 걸었지만 말이 늦은 아이도 있습니다.

하지만 말과 운동, 사회성 등의 각 기능은 독립적으로 발달하지 않고 서로 연관되어 있습니다. 특히 언어 발달은 사회성 발달과 함께 이루어진다고 할 수 있습니다.

말이 늦은 아이는 사회성 발달도 늦는 경우가 많습니다. 반대로 말하면 사회성이 발달하면 말도 발달합니다. 따라서 언어만을 따로 떼서 배우게 하는 것보다는 사회적인 관계나 정서적인 교류를 풍부하게 하는 것이 효과적일 때도 많습니다.

때로는 몸을 함께 움직이는 활동을 통해 말이 나오는 경우도 있습니다. 몸을 쓰면 뇌의 성장이 촉진될 뿐만 아니라 애착이 강화되고, 의사소통의 욕구를 자극해 말이 나오기 시작하는 것입니다.

따라서 언어 훈련이라고 해서 언어에만 너무 특화시키지 말고 다양한 요소를 적용해 뇌의 여러 영역을 자극하는 것이 좋습니다. 그러면 언어의 발달뿐만 아니라 다른 면의 발달도 함께 이루어집니다. 이런 현상은 어릴 때일수록 더 뚜렷이 나타납니다.

원래 말이 나오려면 그 전의 준비단계로 발성이 되어야 하고, 소리를 다루어 말로 만드는 목이나 혀가 발달되어 있어야 합니다.

발성하는 음을 조정하는 것을 구음(構音, articulation)이라고 합니다. 발성이나 구음을 잘 하려면 입과 혀, 목, 호흡기, 횡격막, 흉근과 복근 등의 근육 기능도 발달해야 합니다. 따라서 소리를 내어 놀거나 웃고 먹으며 씹고 마시는 등의 동작도 제대로 하는 것이 중요합니다. 이를 닦거나 가글을 하는 것도 좋은 자극이 됩니다. 입으로 부는 동작도 발성과 공통되는 부분이 많아요. 그래서 발성이 약한 아이에게 비눗방울 놀이나 피리 불기는 아주 좋은 훈련이 됩니다.

집안의 환경이 항상 텔레비전 소리가 나거나 배경 음악이 흐르면, 아이는 어느 소리에 주의를 기울여야 할지 몰라 부정적인 효과가 나기도 합니다.

말이 빠른 아이는 부모나 주위의 어른들이 말을 많이 하거나 아이에게도 말을 자주 거는 경향이 있습니다. 따라서 주위의 잡음을 줄이고 말을 통한 의사소통이 풍부한 환경을 만드는 것이 중요합니다.

미처 몰랐던
언어 발달의 문제들

― 수용언어 능력과 표현언어 능력

• • •   언어 능력은 수용언어 능력(말을 이해하는 능력)과 표현언어 능력(말하기 능력)으로 나누어 생각할 수 있어요. 두 가지 능력은 사용되는 뇌의 영역도 다르고 어느 정도 독립된 영역입니다.

물론 공통되는 부분도 있습니다. 대개는 수용언어 능력을 기초로 삼아 표현언어 능력이 발달해요. 거의 말을 하지 않는 아이도 상대방의 이야기를 이해하는 경우가 많습니다. 즉, 수용언어 능력이 표현언어 능력보다 큰 경우가 많습니다.

하지만 일정한 형태로 발달하지 않는 아이는 수용언어와 표현언어의 발달 균형이 다른 경우도 있습니다. 예를 들어, 스스로 어려운 이야기를 얼마든지 할 수 있으면서도 상대방의 단순한 이야기가 머리에 잘 들어오지 않는 경우입니다.

이런 일은 주로 주의력이나 작업기억의 문제로 일어납니다. 이런 경우 외에도 상대방의 말을 이해하는 것이 스스로 말하는 것보다 힘든 사례가 있는데요. '아스퍼거 증후군'이라고 불리는 유형의 '자폐스펙트럼장애'에서 종종 보입니다.

언어 능력을 평가할 때는 수용언어 능력과 표현언어 능력이 각각 어느 정도 발달했는지, 그리고 균형상태는 어떤지가 중요합니다.

우선 일상적인 대화를 하면서 질문을 이해하고 그에 적절히 답할 수 있는지를 살펴봅니다. 질문에 정확히 답하는지, 기본적인 표현이나 어휘를 사용하는지, 질문과 관계없는 답이 많은지에 주의를 기울입니다.

앞에서 실시한 '언어와 말하기' 체크리스트 (3)은 수용언어 능력을, (4)는 표현언어 능력을 봅니다. 그리고 (5)는 언어에 대한 흥미와 흡수력을 보는 것이지요. 언어에 흥미가 많은 아이는 어휘나 표현이 뛰어난 경향이 있습니다.

- 지적 발달이나 전반적인 발달에 비해 언어 발달에 어려움이 있는 상태를 '언어장애'라고 합니다.
- 특히 수용언어 능력에 비해 표현언어 능력이 현저하게 낮은 상태를 '표현언어장애'라고 합니다. 말이 늦은 아이들 중에는 이런 유형이 많습니다. 상대방의 말은 이해하지만 자신이 말하지는 않는 것입니다. 일정한 시기가 되면 문제없이 말하기 시작하는 경우가 많으므로 그리 걱정하지 않아도 됩니다. 하지만 애착 형성이나 사회성(사람과의 관계) 발달은 괜찮은지 잘 살펴봐야 합니다.
- 그에 비해 수용언어 능력과 표현언어 능력 모두 취약한 유형은

'혼합언어장애'라고 불립니다. 이 경우는 지적 발달이나 운동에서의 발달지연, 행동에서의 문제와도 연결되므로 더 많은 주의와 대응이 요구됩니다.

■ 또 표현언어 능력보다도 수용언어 능력에 어려움이 있거나 상황을 파악하지 못하고, 말은 할 수 있지만 일방통행이 되는 등 분위기에 맞지 않는 이야기를 하는 경우에 '사회적 소통장애'입니다. 이러한 상태는 앞에서 말한 아스퍼거 증후군에서도 보입니다.

■ 발음이 명료하지 않거나 억양이 자연스럽지 못해서 생활에 지장이 있는 상태는 '음운장애'라고 불립니다. 주로 말을 더듬는 증상과 함께 발생합니다. 이 책에서는 상세히 다루지 않지만 음운장애는 언어재활사를 통한 언어훈련이 유용한데요. 말을 더듬는 증상에는 훈련이나 놀이치료가 효과적입니다.

■ 다른 이유로 말을 원활히 하지 못하는 경우도 있습니다. 너무 긴장해서 남들 앞에서 이야기하기 힘들어하거나 기피하는 것은 '사회적 불안장애'라고 불립니다. 긴장을 하지 않은 상황에서는 문제없이 말할 수 있습니다.

■ 이것이 더 강화되어 고정화된 것이 '선택적 함묵'입니다. 집에서는 말을 잘하는데도 학교에서는 한 마디도 하지 않는 경우가 이에 해당합니다. 이런 증상들도 놀이치료나 발달 훈련이 효과적입니다.

언어 발달을 위해
예전부터 부모가 해온 방법

— 언어 발달을 촉진하는 'INREAL 접근법'

• • • 　아이의 언어 발달을 촉진하려면 어떤 방법이 효과적일까요?
언어 발달은 사회성 발달이나 더 나아가 그 전제가 되는 애착 형성을 기초로 진행됩니다. 이는 콜로라도대학의 와이즈 박사가 개발하고 오사카교육대학의 명예교수 다케다 케이이치(竹田契一) 씨가 일본에 도입한 'INREAL(Inter Reactive Learning and Communication) 접근법'에서 가장 중요시 한 '애착 형성을 촉진하는 방법'과 같습니다.

INREAL 접근법 중 가장 기본적인 기법으로는 아이의 표정이나 동작을 그대로 따라 하여 보여주는 '비언어적 거울 반응', 아이가 말한 음성을 그대로 따라 하는 '음성적 거울 반응', 아이의 말을 대신 하는 '병행 말하기' 등 여러 가지가 있습니다. 이것들은 애착 형성에서 중요시되는 공감 반응인데요. 이러한 활동은 특별한 기법이라기보다도 예전부터 모든 부모들이 해온 일입니다.

여기서는 INREAL 접근법 중 기본적인 기법 7가지를 알아보겠습니다.

하나, 비언어적 거울 반응(mirroring)

아이의 동작이나 표정을 부모가 그대로 따라 하며 거울처럼 보여주는 방법입니다. 아이가 웃으면 같이 웃고, 손을 내밀면 같이 손을 내밉니다. 부모는 아이의 마음이 되어서 아이가 하는 것을 함께하면서 즐깁니다.

모방에서 시작되는 사회성 발달의 원점은 바로 거울 반응에 있습니다. 아이도 상대방의 표정이나 동작을 따라 하려고 합니다. 이러한 비언어적인 반응을 하는 것은 애착 형성의 중요한 단계입니다.

둘, 음성적 거울 반응(monitoring)

아이가 내는 소리나 옹알이를 부모가 그대로 따라 하는 방법입니다. 이때 아이의 목소리 톤에 맞추어 같은 정서적 톤으로 따라 하는 것이 포인트입니다. 아이는 자신이 낸 소리에 메아리처럼 응답해주는 것에 기쁨을 느끼면서 정서적인 조율(상대방의 급격한 감정 변화에 자신의 감정을 맞추는 일)과 공감능력을 익힙니다.

실제로 상대방이 아이의 목소리 톤에 맞춰주면 아이도 상대방의 목소리 톤에 맞춰 소리를 내고, 무의미한 음성이라도 기분이나 마음을 공감할 수 있습니다. 나아가 비언어적 거울 반응도 함께 진행하면 눈을 마주치고 미소를 주고받는 등의 교류도 생겨 공감이 한층 더 깊어집니다.

아이와 안정된 애착을 형성한 부모들은 반응이 풍부하여 아이가 무언가 소리를 내면 곧장 응답해 소리를 내며 다양한 표정으로 반응합니다.

셋, 병행 말하기(parallel talk, 비슷하게 대신 말하기)

1인 2역으로 아이가 느끼는 것, 생각하는 것을 대신 말하는 방법입니다. 언어 발달을 촉진하는 데 있어서 매우 중요한 단계예요. 거울 반응이 아이의 동작이나 표정, 목소리에 맞춰 응답하는 비의미적 반응이었다면, 병행 말하기는 의미를 가진 의사소통의 원점으로서 비언어적인 반응을 언어적인 반응으로 연결하는 역할을 합니다.

"주스 마셔요"라고 주스를 건네고 아이가 마시기 시작하면 "맛있다"라며 아이의 감정을 대변하듯이 말합니다. 아이는 비록 아무 말도 하지 않지만 부모가 하는 병행 말하기를 반복적으로 듣게 됩니다. 그러면 아이는 막연하던 기분이나 감각을 의미를 가진 언어로 체험하면서 자신의 것으로 만들게 됩니다.

따라서 병행 말하기를 아이에게 자주 해주는 것이 좋습니다. 이것이 부족하면 아이는 자신의 기분이나 감각을 이해하는 것도 말로 표현하는 것도 익히지 못합니다.

병행 말하기를 잘 하려면 가장 먼저 아이의 마음을 아이의 입장에서 읽어주고 말로 표현하는 것이 중요합니다. 부모 자신이 공감성이나 사회성에 어려움이 있으면, 병행 말하기를 하는 것이 어려울 수 있습니다. 그럴 경우 부모의 노력도 필요하지만 공감성이 뛰어난 사람의 도움을 받아 아이에게 긍정적인 자극을 늘리는 것도 효과적입니다.

이 경우 아이는 병행 말하기를 하는 사람과 애착이 생겨서 그 사람과 소통하기 위해 말이 나오게 되지요. 따라서 불특정 다수의 인물이 아니라 동일한 사람에게 계속해서 도움을 받도록 합니다.

넷, 혼잣말하기 (self talk)

혼잣말하기는 부모나 훈련자가 자신의 시점에서 이야기하는 방법입니다. 무조건 아이의 마음을 읽어내고 공감하며 반응하는 것이 아닙니다. 부모의 사정이나 기분을 이야기하고 전달하는 것도 균형적인 발달을 위해서 필요합니다.

"엄마가 잠깐 가스 좀 _끄고_ 올게", "아, 전화가 울리네, 잠깐 기다려봐" 등의 말도 혼잣말하기입니다. "이거 꽤 어렵네. 선생님이 잘 할 수 있을까 모르겠다"라며 마음을 말하거나 "선생님도 같이 하고 싶어"라고 말을 거는 것도 혼잣말하기에 해당하지요.

다양한 장면에서 그런 말을 듣는 것도 언어나 대화능력의 발달을 자극합니다. 또한 자신과 타인이 다른 사정을 가진 별개의 존재이며, 상대방이 모두 자기 뜻대로 되지 않는다는 걸 이해하게 됩니다. 그래서 상대의 사정이나 기분을 설명하는 기술을 배우는 데 좋습니다.

한편, 혼잣말하기가 너무 적으면 문제가 생깁니다. 설명도 없이 행동하거나 기분을 말로 표현하지 않고 태도를 바꾸는 것은 아이에게 혼란을 가져오고 불안하게 만듭니다. 부모나 훈련자는 아이에게 필요한 내용을 제대로 언어화해서 전달해야 합니다.

하지만 일반적인 육아에서는 부모의 혼잣말하기가 너무 많은 경우
도 종종 보입니다. 혼잣말하기가 너무 많으면 아이가 부모의 혼잣말만
듣게 되는 셈이죠. 그러면 부모의 기분이나 사정에만 지배되어 아이
자신의 마음을 말로 표현하는 능력이 자라기 힘들며, 애착이나 감성
면에서 문제를 갖기 쉽습니다.

따라서 부모는 아이가 무엇을 말하고자 하는지를 읽어내고 말로 하
는 병행 말하기 등을 활용해야 합니다.

다섯, 리플렉팅(reflection, 반영)과 익스펜션(expansion, 확장)

병행 말하기는 언어적인 상호작용이라고는 하지만 주로 부모나 훈
련자가 말을 합니다. 그럼에도 불구하고 말하는 이와의 사이에 애착이
생기게 됩니다. 안심과 공감하는 마음이 커지면서 아이 자신도 느낀 것
이나 발견한 것을 전달하고자 하는 마음이 끓어오르게 되는 것이지요.

처음에는 말이 되지 않아서 손으로 가리키거나 표정 또는 손짓으로
전달하려고 할 수도 있어요. 하지만 병행 말하기를 반복하다보면 아이
자신이 전달하고자 하는 것을 나타내는 말이 점차 정착되고 스스로
그것을 말하게 됩니다.

처음에는 제대로 된 말이 아닌 경우가 많습니다. 기쁨이나 흥분을
의미 없이 소리를 지르는 것으로 전달할지도 모릅니다. 그래도 괜찮아
요. 전달하려는 아이의 마음과 놀라움을 공유하고 그것을 병행 말하기
로 언어화하기를 반복하다보면, 무의미한 발성은 어느덧 의미를 가진
언어로 바뀌어 가게 됩니다. 중요한 것은 아이가 무언가를 전달하고

싶고, 공유하고 싶다고 생각하는 것이 바로 출발점이라는 것이지요.

여기서는 언어가 정확한 것에 너무 얽매이지 않아야 합니다. 전달하고자 하는 것을 알아듣고 아이의 마음이나 놀라움을 공유하면 됩니다.

이때 아이가 한 말을 더 정확하게 표현해 돌려주는 것이 '리플렉팅'입니다. 틀리게 말했다고 지적하지 않고 그저 다시 제대로 표현해서 말해달라고 합니다. 더 나아가서 아이의 말에 조금 살을 붙여 이야기하는 것이 '익스펜션'입니다.

예를 들어, 꽃에 앉아 있는 나비를 보고 "나, 나 ……"라고만 말을 했다고 가정해봅시다. "나비가 앉아 있구나. 날개가 예쁘네"라는 식으로 아이의 마음에 맞춰 완전한 문장으로 만들고 표현을 조금씩 늘려주면 됩니다. 거기에 아이가 "예뻐"라거나 대답을 해오면 또 거기에 맞춰 대화를 이어가면 됩니다.

여섯, 모델링(modeling, 모범 보이기)

모델링은 아이의 관심에서 벗어나지 않으면서 새로운 표현이나 이야기의 모범을 보이는 방법입니다. "나비는 꽃의 달콤한 꿀을 좋아해. 꿀 먹어본 적 있니?"라고 대답하기 쉬운 질문을 던져보는 것도 좋습니다. "먹어봤어"라는 답이 돌아오면 "어떤 맛이 났어?"라고 물어보며 대화를 확장시킵니다.

이 경우에도 부모의 관심보다는 아이가 계속 관심을 갖고 따라오는지를 더 살펴봅니다. 아이의 시점이나 관심에 다가가서 부모 자신도 아이의 놀라움과 기쁨을 공유하는 것이 무엇보다 중요합니다.

일곱, 장면 설정과 역할놀이

대화능력을 더욱 향상시키는 강력한 방법은 장면을 설정하고 거기서 어떤 표현이 사용될지를 함께 생각하는 것입니다. 아이는 이럴 때 이런 식으로 말하면 좋겠다는 핵심 문장이나 표현을 익히게 되는 셈입니다. 역할놀이를 할 때 부모가 먼저 설정한 장면을 실제로 해본 다음에 아이한테 직접 하게 하면 훨씬 수월하게 익힐 수 있습니다.

이 단계가 되면 언어 훈련뿐만 아니라 사회적 기술 훈련도 됩니다. 사회적 기술에 대해서는 6장과 7장에서 다루었습니다.

놀이로 언어 능력 키우기
실전 훈련

● ● ●   앞에서 이야기한 방법을 진행할 때 가장 큰 효과를 볼 수 있는 것이 부모와 함께하는 공동 놀이입니다. 아이가 하는 놀이나 작업에 부모나 훈련자가 함께하면 상호작용이 생기면서 언어 능력도 쉽게 향상되기 때문입니다. 말을 알려주는 이도 그런 상황에서 아이가 자연스럽게 말하도록 유도할 수 있습니다.

아직 대화가 어려운 아이나 자발어(스스로 하는 말)가 약한 아이는 몸을 움직이는 놀이로 훈련하는 것이 효과적입니다. 놀이를 함께하면서 자연스럽게 말을 뽑아내는 것입니다. 앞서 이야기했듯이 아이가 관심을 보이는 것에 관심을 갖고 함께한 체험을 조금씩 말로 바꾸는 작업을 반복하면 됩니다.

아주 긴 시간이 걸릴까봐 걱정되겠지만, 열의를 가진 훈련자가 끊임없이 다가가면 의외로 단기간에 효과를 보기도 합니다.

대상 연령 : 유아 ~ 초등학생

'인형놀이' 사례

영미는 초등학교 3학년입니다. 훈련자와 친숙해질 때끼지는 긴장을 많이 해서 "인형 가지고 같이 놀자"라며 말을 걸어도 혼자서 인형을 움직이며 놀 뿐이었습니다.

이처럼 영미는 '혼자 놀기'가 더 쉬운 아이였고, 자신의 생각이나 머릿속에 그린 것을 말로 표현하는 것도 힘들어했습니다. 그래도 아이의 세계관을 중시하면서 훈련자가 조금씩 다가갔습니다. 그렇게 영미가 전달하고자 하는 마음을 대신 말로 표현하자 조금씩 영미의 자발어가 나타나기 시작했습니다.

영미와 인형을 이용해서 소꿉놀이 했을 때의 모습을 몇 가지 소개합니다.

인형놀이 장면 ① '아기가 방에서 도망쳤어요'

😊 훈련자 : 어머 어떡하지! 아기가 방에서 도망쳤네.

👧 영미 : 어머 어떡해.

😊 훈련자 : 저기 봐, 아기가 저쪽 방으로 달려가 버렸어.

👧 영미 : 아이, 기다려 기다려.

😊 훈련자 : 아이쿠, 아기가 미끄럼틀 타고 밑으로 내려왔다!

👧 영미 : 우와, 미끄러졌네!

😊 훈련자 : 아기가 대단하네. 얼른 데려와야겠어.

👧 영미 : 기다려봐, 기다려!

● 인형놀이 ●

인형놀이 장면 ② '가족 모두가 숨바꼭질'

🧑 훈련자 : 다 같이 숨바꼭질하면서 놀자! 먼저 토끼 언니가 술래야. 다들 숨어!

👧 영미 : 꺄아, 숨어 숨어!

🧑 훈련자 : 열까지 센다. 하나, 둘, 셋 ……. (영미도 즐거운 듯이 함께 세며) 이제 됐어?

👧 영미 : 이제 됐어요!

🧑 훈련자 : 좋았어. 찾으러 간다. 다들 어디 숨었을까?

👧 영미 : (재미있다는 듯이 소리 내어 웃는다.)

🧑 훈련자 : 자, 다들 어디로 갔을까? 모두 잘 숨네.

👧 영미 : (소리 내어 웃는다.)

🧑 훈련자 : 여기에 있나?

👧 영미 : 큰일 났다. 여기 있다가는 들킬 것 같아. 저쪽에 숨자!

🧑 훈련자 : 찾았다!

👧 영미 : 앗, 들켰네. (웃음)

인형놀이 장면 ③ '자고 있는 아기가 깨지 않도록 놀자'

🧑 훈련자 : 이제 슬슬 아기는 낮잠을 잘 시간이야.

👧 영미 : (아기 인형을 손에 잡고 침대에 재운다.)

🧑 훈련자 : 모두들 아기가 낮잠을 자니까 깨지 않도록 조용히 이야기해줘.

👧 영미 : (작은 목소리로) 네!

그리고 나서, 영미는 목소리 크기에 신경을 쓰면서 작은 목소리로 소꿉놀이를 진행합니다.

> ### 💡 훈련 TIP 인형놀이
>
> 훈련자가 그 장면에 빠져들어 아이와 함께 감정과 흥분을 공유하는 것은 매우 중요합니다. 학습이든 의사소통이든 감정의 급격한 변화는 매우 중요한 역할을 하지요. 강한 감흥을 맛볼 때 아이 내면에 말이 각인되기 쉬워요. 또, 아이 쪽에서도 표현하고 싶은 욕구가 생기면서 말이 나오기 쉽습니다.
>
> 훈련자가 아이가 재미있어 할 만한 장면을 만들고 역할놀이를 하자, 아이는 열중하여 말로 반응하려고 합니다. 이처럼 세세한 기술보다 아이와의 세계를 공유하는 것이 더 중요합니다.
>
> 사용하는 인형이나 장면을 바꾸는 것보다는, 어느 정도 동일한 것을 사용해 연속드라마처럼 훈련할 때마다 다음 스토리가 전개되는 것도 좋습니다. 오늘은 이런 설정으로 이렇게 해보자며 조금씩 변화를 주는 것도 괜찮습니다. 이때 아이의 성향이나 특성에 맞춰 유연하게 진행하세요.

어휘와 표현력 키우기
실전 훈련

●●● 언어 발달은 단순하지 않아서 무한히 계속되는 긴 계단이라
고 할 수 있습니다. 아무리 긴 계단이라도 한 걸음씩 올라갈 수밖에 없
습니다. 이때 그 계단을 절대 고통스러운 계단으로 만들면 안 됩니다.
한 계단 한 계단을 즐기면서 올라가는 것이 제일 중요합니다. 놀이의
요소를 늘 소중히 여기면서 즐겁게 배우는 진행법이야말로 항상 놀라
운 효과를 보이는 훈련 비결입니다.

언어 발달에서는 의사소통과 밀접한 표현언어 발달이 기본입니다.
간혹 아이가 표현언어 발달은 늦지만, 문장으로 말하거나 혼잣말처럼
혼자서 말하는 능력이 먼저 발달하는 경우가 있습니다. 일반적이지 않
다고 해서 발달과제에 문제가 있다고 볼 필요는 없어요. 오히려 재능
이라고 보는 것이 좋습니다.

실제로 순서는 반대라고 할지라도 혼자서 말하는 능력이 생기면 언

젠가는 표현언어 능력으로 이어집니다. 그런 아이는 어려운 말을 사용하거나 문어체처럼 정리된 말을 사용하기도 합니다. 이 경우 점차 경험을 쌓으면 더 정교한 대화까지 가능해집니다. 최종 도달점에 이르는 데 어떤 방법이 더 뛰어나다고 말하기는 어렵습니다. 누구나 똑같은 발달경로를 밟을 필요는 없기 때문입니다.

다만, 어휘가 얼마나 풍부한지는 언어적인 능력을 가늠하는 좋은 기준입니다. 어휘를 많이 획득하려면 새로운 말에 흥미를 갖고 자신도 그것을 따라 하려는 태도가 필요합니다.

어휘가 풍부한 아이는 모르는 말에 민감하며 바로 흥미를 보입니다. 훈련에서 중요한 한 가지는 말에 대한 흥미와 관심을 자극하고, 말에 더 주의를 기울이거나 재미를 느끼게 하는 일입니다.

또한 언어 획득의 기본 원리는 모방입니다. 다른 사람이 말하는 표현을 외우고 그것을 따라 하는 데 능숙한 아이는 말을 빨리 익힐 수 있습니다. 아이의 뇌는 모방을 잘하므로 상대의 말을 따라 하면서 언어를 쑥쑥 흡수합니다. 아이 스스로 혼자 놀면서 들었던 말을 재현하거나 외운 말을 사용하면서 연습하기도 합니다. 혼잣말을 하면서 인형으로 노는 것은 언어 획득에 매우 효과적인 방법인 셈이지요.

그래서 아이의 어휘를 풍부하게 발달시키려면 주위의 어른들이 풍부한 표현력으로 대화를 즐기는 것이 무엇보다 중요합니다.

대화가 적은 가정에서는 텔레비전이나 애니메이션에 나오는 등장인물의 대화를 듣게 하는 것도 중요한 훈련입니다. 단, 균형적인 발달을 위해 모델이 되는 내용을 선정해야 합니다.

대상 연령 : **취학 전 유아**

'글자 수만큼 ○ 칠하기' 방법

① 훈련자가 동물 등의 그림이 많이 남긴 워크시트를 준비한다.

② 준비한 워크시트를 아이에게 보여주면서 "여기에 여러 가지 그림이 그려져 있지?"라고 말한다.

③ 훈련자는 아이에게 "이 그림 속의 동물이 몇 글자로 되어 있는지 알려줄래? 그리고 그 글자 수만큼 여기 O에 색을 칠해줘"라고 과제를 설명한다.

■ 어떤 그림을 보고 그려져 있는 것(동물이나 음식 등)이 몇 음절로 되어 있는지를 알려주는 훈련입니다.

■ 아직 어휘를 많이 획득하지 못한 취학 전의 아이에게 적합합니다.

■ 주변에 있는 다양한 사물의 이름을 외우거나 언어에 관한 지식(받침, 길게 읽어야 하는 부분 등)을 익히는 데도 도움이 됩니다.

'글자 수만큼 ○ 칠하기' 사례

민호는 유치원에 오래 다니고 있습니다. 3세가 넘어서 겨우 의미를 가진 말이 나오기 시작했는데, 언어 지연이 과제 중 하나입니다. 민호는 약 1년 반 동안 한 달에 1~2번 정도 수업을 진행했습니다.

수업을 처음 시작했을 때는 훈련자가 하는 말을 이해하기 어려워하여 의사소통이 원활하지 않았습니다. 하지만 서서히 어휘 수도 늘어나고 최근에는 소통이 꽤 원활해졌습니다.

민호와 수업을 할 때 보인 상호작용을 소개하겠습니다.

> ### 💡 훈련 TIP 글자 수만큼 ○ 칠하기
> 우선은 자기 주변에서 자주 볼 수 있고 아이와 친숙한 말부터 시작합니다. 아이가 글자 수를 세는 데 익숙해지면 조금 더 길거나 어려운 단어에 도전합니다. 어려워질수록 훈련자가 발음을 더 천천히 정확하게 하면서 진행하면 의사소통 연습에 도움이 됩니다.

글자 수만큼 ○ 칠하기 장면 ① '고양이 글자 수'

🧑 **훈련자** : "이 그림 속의 동물이 몇 글자로 되어 있는지 알려줄래? 그리고 그 글자 수만큼 여기 ○에 색을 칠해줘"

🧒 **민호** : (진지한 표정을 지으며) 알겠어요. 열심히 해볼게요.

🧒 **민호** : (○ 모두에 색을 칠하려고 한다.)

🧑 **훈련자** : (고양이 그림을 가리키면서) 민호야, 이 그림을 봐봐. 이건 무슨 그림이지?

🧒 **민호** : 고양이.

🧑 **훈련자** : 고양이는 몇 글자였더라?

🧒 **민호** : 고. 양. 이. (소리 내어 읽으면서 손가락으로 세며) 세 글자!

🧑 **훈련자** : 맞았어. 세 글자야. 그러니까 여기에 있는 동그라미 다섯 개 중에 세 개만 색을 칠하면 돼. (직접 세 개에 색을 칠하는 시범을 보인다.)

🧒 **민호** : 알겠어요.

글자 수만큼 ○ 칠하기 장면 ② '코알라 글자 수'

훈련자 : 이건 무슨 그림일까?

민호 : 코알라.

훈련자 : 맞아, 코알라지.

민호 : 동물원?

훈련자 : 그렇지. 코알라는 동물원에 있지. 코알라 본 적 있니?

민호 : 음, 몰라요.

훈련자 : 모르는구나. 코알라는 보기 힘들지.

민호 : (자신의 옷을 가리키며) 봐요! 내 옷 코알라!

훈련자 : 우와, 진짜 그러네. 민호 옷에 코알라가 그려져 있었네!

민호 : 예쁘죠?

훈련자 : 응! 진짜 예뻐.

민호 : (웃는다.)

훈련자 : 그럼 '코알라'는 몇 글자일까?

민호 : (손으로 세어본 후) 세 글자!

훈련자 : 맞았어. 세 글자야. 그러면 어떻게 하면 될까?

민호 : (세 개의 동그라미에 색을 칠한다.)

훈련자 : 우와, 진짜 잘하네. 그래, 그렇게 하면 돼!

언어 훈련 말 비교하기

대상 연령 : 유아 ~ 초등학생

'말 비교하기' 방법

① '과자'와 '가자', '부'와 '풀'처럼 비슷한 소리가 나는 두 개의 말(단어)을 비교해서 들려준다.

② 그것이 같은 소리인지 다른 소리인지를 물어본다.

③ 아이가 들은 소리를 실제로 발음해보도록 한다.

- 말에 대한 관심이나 감성을 높이는 수업의 사례입니다.
- 같은 소리인지 다른 소리인지를 듣고 판단할 뿐만 아니라 실제로 아이에게 들린 대로 발음해보도록 하면 말하기 훈련도 됩니다.
- 소리를 정확히 듣는 것이 어렵거나 발음이 명료하지 않는 아이의 경우에 제대로 들었는지 발음이 정확한지에 너무 얽매이지 않습니다.
- 이 훈련은 말에 익숙해지는 것을 목표로 놀이 요소를 더해서 즐겁게 진행하는 것이 중요합니다.
- 끝말잇기나 같은 종류 말하기(음식 이름이나 탈 것의 이름, 지명, 인명, 동작이나 기분을 나타내는 말, 반대어 등) 놀이도 어휘를 늘리고 언어에 대한 관심을 높이는 데 도움이 됩니다.

상황을 쉽게 전달하는
실전 훈련

● ● ●　　　단어를 아는 것만으로는 말을 제대로 할 수 없습니다. 한두 마디씩 하는 단계에서 제대로 말할 수 있는 단계로 나아갈 때 기준이 되는 것이 있는데요. 그중 하나가 상대방에게 상황을 얼마나 잘 전달할 수 있는가입니다.

자신이 경험한 일이나 사실을 상대방이 알아듣도록 설명하는 훈련은 언어 능력을 단련하는 좋은 방법이에요. 또한, 의사소통 능력을 높이는 데도 효과적입니다. 그것을 경험하지 못한 사람에게 상황을 이해시키려면 상상하기 쉽도록 설명해야 하므로, 상대방의 입장을 생각하는 연습도 됩니다.

대상 연령 : 초등학생 ~ 중학생

'이야기 달인 되기' 방법

① 상대방이 알아듣게 설명하려면 어떤 것을 염두에 두고 이야기해야 하는지 알려주면서, 핵심이 되는 내용인 육하원칙(언제, 어디서, 누가, 무엇을, 왜, 어떻게)을 확인해준다.

② 실제로 훈련을 진행하다보면, 이야기하고 싶은 것은 있는데 어디서부터 시작해야 할지 몰라 말을 못하는 경우가 자주 있다. 그런 경우 아이에게 핵심(힌트)을 제시한다. 그러면 아이는 안심하고 이야기를 할 수 있다.

③ '언제(때)'를 나타내는 말에는 어떤 것이 있는지를 몰라서 어려워하는 아이도 있다. 그럴 때는 먼저 때를 나타내는 말에는 무엇이 있는지(O월 O일, O요일, 어제, 오늘 등) 함께 확인한다. 실제로 달력을 보면서 확인하면 시간 감각이나 요일 감각을 함께 익힐 수 있다.

■ 이야기할 때의 핵심인 육하원칙을 의식하면서 이야기하도록 하는 훈련입니다.

■ 표현언어 능력이나 말하기 능력을 높이는 데 도움이 됩니다.

'이야기 달인 되기' 사례

영희는 초등학교 1학년입니다. 언어 발달이 늦어서 의미를 가진 말을 하기 시작한 것은 3세가 넘어서였습니다. 유치원에 입학한 후에도 언어를 통한 의사소통이 힘들어서 친구들과 적극적으로 관계를 맺기가 어려웠습니다.

영희는 약 1년 동안 한 달에 2~3번 정도 훈련을 지속했습니다. 처음 시작했을 때는 발음도 명료하지 않았지만 조금씩 발음도 좋아지고 대화도 원활해졌습니다.

초등학교에 입학한 후 영희는 먼저 친구에게 말을 걸거나 놀자고 하는 등 친구관계가 넓어지고 적극적으로 변하고 있습니다. 그렇지만 아직 잘 정리해서 이야기하는 것이나 상대방이 알아듣도록 구체적으로 말하는 것은 어려워합니다. 말하고자 하는 것을 정확히 정리해서 이야기하는 것이 앞으로의 과제입니다.

다음은 그런 영희와 진행한 훈련의 사례입니다.

훈련자 : 영희야, 오늘은 이야기 달인이 되기 위한 공부를 해보자.

영희 : 이야기 달인이요? 그게 뭐예요?

훈련자 : 글쎄, 그게 뭘까? 음, 영희는 초콜릿을 갖고 싶을 때가 있니?

영희 : 네.

훈련자 : 그러면 엄마한테 그걸 부탁해보는 거야. 그때 '엄마, 엄마, 주세요!'라고 하면 어떨까?

🧑 영희 : (웃기다는 듯이) '주세요'라고만 하면 뭘 달라는 건지 모르죠.

👨 훈련자 : 그렇지, 맞아. '주세요'라고만 하면 뭘 달라는 건지 엄마는 알 수 없지?

🧑 영희 : 네.

👨 훈련자 : 오늘은 상대방에게 잘 전달되도록 이야기하는 연습을 해 볼 거야.

🧑 영희 : 그게 이야기 달인이에요?

👨 훈련자 : 그래, 그게 바로 이야기 달인이야.

🧑 영희 : 우와! (웃음)

- 먼저 아이에게 '언제, 어디서, 누가, 무엇을, 왜, 어떻게'라는 6가지 포인트(육하원칙)에 대해 구체적인 예를 들어가며 설명합니다.
- 이때 '이야기 달인이 되기 위한 6가지 포인트'라는 식으로 구체적으로 방법을 제시하면 아이의 의욕을 높일 수 있습니다.
- 아이가 이해를 했으면 실제로 아이가 경험한 일에 대해 이야기하게 합니다.

🧑 영희 : 어제 피아노 교실에서 '징글벨'이랑 '산토끼'를 쳤는데, 긴장이 되었어요.

👨 훈련자 : 영희야, 6가지 포인트를 떠올리면서 잘 말했구나. 네 기분이 긴장되었다고 전달도 하고, 아주 잘했어!

🧑 영희 : 잘 말했어요? (웃음) 그럼 나도 이야기 달인이네요.

🧑 훈련자 : 앞으로 누구에게 말을 전할 때는 오늘 배운 6가지 포인트
를 꼭 생각하면서 말하렴.

🧑 영희 : 네, 알겠어요!

> ### 💡 훈련 TIP 이야기 달인 되기
>
> 처음에는 짧고 간결하게 전달하는 것을 목표로 시작합니다. 이야기하는 데
> 익숙해지면 "○○의 이야기를 들으니까 진짜 궁금해졌어. 조금 더 자세히 이
> 야기해줄래?"라고 하면서 이야기를 확장시키고 깊숙이 들어갑니다.
>
> 그 후에 다시 한 번 이야기를 하도록 합니다. 이런 요청은 아이에게 '내 이야
> 기에 관심을 가지고 있다'는 자신감과 즐거움을 부여합니다.

대상 연령 : 전 연령

'그림이나 사진 보면서 이야기하기' 방법

① SST(Social Skills Training, 사회기술훈련)용 그림카드를 이용해도 되고, 그림이나 사진, 영화 장면 등을 활용해도 좋다.

② 훈련용으로 그림을 잘라 내거나 복사한 것을 투명 파일 등에 넣어 한 권으로 정리한다.

③ 그림을 사용할 때는 한 장만 꺼내고 다른 것에 시선이 가지 않도록 주의한다.

④ 계속 다른 그림이나 사진을 보여주는 것이 아니라, 한 장의 그림이나 사진을 보면서 쭉 이야기한다.

⑤ 우선 아이에게서 자발적인 반응이 나오기를 기다린다.

⑥ 자발적인 대답이 좀처럼 나오지 않을 때는 "이건 뭘 하고 있는 걸까?"라거나 "무슨 일이 생긴 거지?"라고 막연한 질문을 던지고 조금씩 말을 꺼내면서 이야기를 확장시킨다.

⑦ 준비한 자료를 모두 봤는데도 반응이 잘 나오지 않을 때는 부분별로 주목해서 질문한다.

⑧ 어디서부터 이야기해야 할지 모를 때는 6가지 포인트에 따라 말하게 하면 수월하다.

- 언어표현이 힘들거나 대화가 이어지기 어려운 아이를 대상으로 그림카드나 사진을 보여주면서 말을 하면 표현력과 대화력을 높일 수 있습니다.
- 이야기하는 것을 어려워하는 아이에게는 이야기 소재가 있는 것이 말하기에 수월합니다.
- 또한, 장면이나 상황을 파악하거나 상상하는 연습도 되므로 말뿐만 아니라 사회성 훈련에도 도움이 됩니다.

● 그림카드를 사용한 예 ●

장난감을 놓고 서로 다투고 있네. 이럴 때 어떻게 하면 될까?
훈련자

서로 원하는 것을 잘 이야기해서 다시 사이좋게 지내면 돼요.
철호

'그림카드 보면서 이야기하기' 사례 ①

철호는 초등학교 2학년입니다. 말을 더듬는 증상이 있는데 특히 'ㅅ'이 들어가는 소리에서 잘 막힙니다. 그런 증상은 최근 반 년 동안의 훈련을 통해 눈에 띄게 줄었습니다. 하지만 아직 설명하는 데 서투르며 이야기하는 걸 힘들어합니다.

> 훈련자 : 철호야, 이 그림 한번 볼래?
>
> 철호 : 네.
>
> 훈련자 : 오늘은 이 그림이 지금 어떤 상황인지 설명하는 연습을 해보자.
>
> 철호 : 모르겠어요. 화를 내나? 싸우나? (어려운 듯) 아, 잘 모르겠어요.
>
> 훈련자 : 그러네. 그림을 봐도 갑자기 뭐부터 이야기해야 할지 모르겠고 조금 어렵네, 그렇지?
>
> 철호 : 네.
>
> 훈련자 : 이럴 때는 '상대방에게 제대로 전달되게 하는' 중요한 포인트가 6가지 있어.
>
> 철호 : 그래요?
>
> 훈련자 : 지금부터 그 6가지 포인트를 확인해보자.

'언제, 어디서, 누가, 무엇을, 왜, 어떻게'라는 6가지 포인트에 대해 구체적인 예를 들면서 설명합니다.

훈련자 : 다시 한 번 이 그림을 봐. 우선 첫 번째 포인트로 이건 언제 이야기일까?

철호 : 아, 언제 ……?

훈련자 : 수업 시간일까? 아니면 급식 시간일까?

철호 : 아니, 아니에요. 알겠다! 쉬는 시간이에요!

훈련자 : 맞네, 쉬는 시간이구나. 어째서 쉬는 시간이라고 생각했어?

철호 : 공을 갖고 있잖아요.

훈련자 : 그렇구나. 공으로 놀려고 하나보다.

철호 : 네.

훈련자 : 그럼 두 번째 포인트로 이건 누구의 이야기지?

철호 : 민호랑 진수요.

훈련자 : 그래, 민호랑 진수가 그려져 있네. 이제 세 번째 포인트로 이건 어디서 일어난 일일까?

철호 : 학교 운동장이요!

훈련자 : 맞았어. 운동장이야!

철호 : 네! (점점 흥이 나고 표정에 여유가 보인다.)

훈련자 : 그럼 네 번째 포인트로 이거 지금 뭘 하고 있는 걸까?

철호 : 싸우고 있어요.

훈련자 : 그러네, 싸우고 있구나. 그럼 다섯 번째 포인트로 왜 싸우고 있지?

철호 : (조금 생각한 후) 공에 맞아서 싸우게 되었어요.

🧑 훈련자 : 그렇구나. 공이 누구한테 맞았는데?

👦 철호 : 민호요!

🧑 훈련자 : 맞네. 그런데 어떻게 민호가 공에 맞았는지 알았어?

👦 철호 : 민호 머리에 혹이 나 있잖아요.

🧑 훈련자 : 우왓, 그렇구나! 잘 발견했네. 그럼 마지막으로 여섯 번째 포인트야. 이 상황에 대해서 지금 민호와 진수가 어떻게 생각하고 있을까?

👦 철호 : 민호는 공에 맞아서 '아프다'고 생각하고, 진수는 '멍하게 서 있던 네가 잘못이지'라고 생각해요.

🧑 훈련자 : 이야, 대단한걸! 맞아! 민호는 공에 맞아서 화가 났고, 진수는 민호가 멍하게 서 있던 것에 화가 났네.

👦 철호 : 네! 맞아요.

🧑 훈련자 : 6가지를 순서대로 이야기해줬네. 지금처럼 하나씩 천천히 이야기하면, 이 그림의 상황을 상대방이 알아듣기 쉽게 전달할 수 있겠다. 그렇지?

👦 철호 : 네!

'그림카드 보면서 이야기하기' 사례 ②

중학교 2학년인 영철이는 어릴 때부터 말이 늦었습니다. 2년 전에 처음 찾아왔을 때도 자발어가 거의 없어 '아'나 '어' 등의 대답이 전부였습니다. 대화도 전혀 이루어지지 않았고 앉아 있어도 금세 몸을 비틀었어요.

처음에는 훈련에 관심도 없어서 진도가 안 나갔는데요. 훈련자와 애착이 형성되고 안심하면서부터 점차 개선되더니 훈련에 잘 참여하게 되었습니다.

그런 영철이와 그림카드를 이용해 훈련을 한 사례입니다.

🙂 훈련자 : 이 카드는 어떤 장면일까?

😊 영철 : …….

🙂 훈련자 : (영철에게 어려운 듯하여 질문을 바꾼다.) 이 아이들은 지금 뭘 하고 있는 걸까?

😊 영철 : 몰라요.
(전체적인 상황을 파악하여 대답하기 어렵다고 느끼고, 전체가 아니라 일부분에만 주의를 기울이기로 했다.)

🙂 훈련자 : 이 아이는 뭘 하고 있니? 왜 곤란해 하는 걸까?
(한정된 내용에 대한 질문이 이어졌다.)

😊 영철 : 공놀이를 하고 있어요. 그러다가 넘어졌어요.
(훈련자가 어떤 장면인지 구체적으로 설명했다.)

😊 영철 : 음, 그렇구나.

🧑 훈련자 : 이 아이는 지금 기분이 어떨까?

😊 영철 : 몰라요.

🧑 훈련자 : 만약 영철이가 이런 일을 당했다면 어떤 기분일까?

😊 영철 : 창피할 거예요.

　(선물을 거절하는 장면의 그림카드도 보여준다.)

🧑 훈련자 : 영철이는 선물 받은 적 있어?

😊 영철 : 있어요.

　(밸런타인데이에 선물을 받았다는 의외의 에피소드를 이야기해
　준다.)

🧑 훈련자 : 뭐라고 말하면서 받았어?

😊 영철 : '안 줘도 되는데'라고 말했어요.

🧑 훈련자 : 친구가 실망했을지도 모르겠다.

😊 영철 : 안 줘도 되니까 그렇게 말한 것뿐인데 ……. (멋쩍어하면
　서도 싫지 않은 눈치)

　영철이는 상대방의 시점에서 생각하는 것이 어렵다는 과제는 있지
만 조금씩 대화가 이루어지고 있습니다.

언어 훈련 주제에 맞춰 말하기

대상 연령 : 전 연령

'주제에 맞춰 말하기' 방법

① 어려운 내용을 주제로 삼지 말고 아이가 좋아하는 일이나 관심을
가질 만한 것을 주제로 삼는다.

② 예를 들면 주사위를 던져 '1이 나오면 요즘 기뻤던 일', '2가 나오
면 요즘 놀랐던 일'이라는 식으로 규칙을 정한다.

③ 주사위를 던질 때 '다음에는 뭐가 나올까?'라는 설렘과 긴장감을
갖고 즐겁게 진행할 수 있다.

■ 어떤 주제에 따라 자신이 경험한 일이나 생각, 기분을 자유자재
로 이야기하는 훈련입니다.

■ 남들 앞에서 발표할 기회가 많은 아이에게 말하기 능력을 키워주
는 것은 자신감으로도 연결됩니다.

■ 말이나 능동적인 의사소통 능력뿐만 아니라 8장에서 이야기할
'계획능력과 통합능력'에도 좋은 훈련입니다.

'주제에 맞춰 말하기' 사례

다음의 사례는 언어 발달에 어려움이 있는 철수와 두 달쯤 지난 후의 훈련 장면입니다.

훈련자 : 철수야, 오늘은 이야기 연습부터 시작하자!

철수 : 그게 뭐예요? 이야기하는 거예요?

훈련자 : 이 주사위를 이용해서 이야기하는 거야. 1이 나오면 요즘 네가 즐거웠던 일을 이야기하고, 2가 나오면 요즘 네가 슬펐던 일을 이야기하면 돼.

- 1부터 6까지 모든 주제를 말해줍니다.
- 그리고 말한 내용에 대해서는 화이트보드에도 적어두고 아이가 그 내용을 언제든지 확인할 수 있도록 합니다.
- 그러면 말할 때 주의할 사항도 같이 확인하면서 '이야기하는 법'을 익히게 됩니다.

훈련자 : 많은 사람 앞에서 이야기할 때는 어떤 것에 신경을 써야 할까?

철수 : 큰 소리로 말해야죠! 그리고 ……. (조금 생각하다가) 건들거리지 말고 이야기하기!

훈련자 : 그래, 듣는 사람에게 잘 들리게 큰 소리로 말이야. 바른 자세로!

철수 : 네, 알아요! 그럼 주사위를 던져볼게요. (주사위를 던진다.) 아, 1이 나왔네.

훈련자 : 1이면 요즘 즐거웠던 일이네. 철수가 요즘 가장 즐거웠던 일은 뭐가 있었어?

철수 : 음 ……. 아, 있어요!

훈련자 : 말해볼래?

철수 : 제가 요즘 즐거웠던 일은 오늘 전철을 탄 거예요.

훈련자 : 어머 그래? 오늘 전철을 탄 게 즐거웠구나.

철수 : 네!

훈련자 : 그랬구나, 좋았겠네. 지금 선생님한테 잘 들리게 말해줬네. 자세도 아주 똑바로 앉아서 말해주니 멋있다. 아주 잘했어!

철수 : 앗싸!

> ### 💡 훈련 TIP 주제에 맞춰 말하기
>
> 연습을 시작한 지 얼마 안 되었을 때는 세세한 문법이나 어법에 얽매이지 말고, 아이가 자유롭고 즐겁게 이야기하는 분위기를 만들어줍니다.
>
> 아이가 이야기하는 것에 익숙해지면, '어떤 주제에 대해 1분 동안 스피치를 하자'라는 식으로 시간을 정합니다. 또는 아이가 이야기한 내용에 대해 질문하는 방법을 추가하면 됩니다.

대상 연령 : 초등학생 ~ 중학생

'작문 연습' 방법

① 글쓰기가 어렵다고 생각하는 아이는, 우선 그렇게 생각하는 이유가 무엇인지를 파악해야 한다.

② 화제(주제) 선택이 힘들어 글을 쓰지 못하는 아이도 있고, 화제는 정해져 있는데 어디서부터 쓰기 시작해야 할지 모르는 경우도 있다. 또 문법이나 어법(말의 일정한 법칙)에 어려움을 느끼는 아이도 있다.

③ 이 경우에는 우선 짧은 문장부터 시작한다.

- 앞의 과제처럼 자신이 경험한 일이나 사실을 상대방이 쉽게 알아듣도록 설명하는 훈련입니다. 다만 이번에는 글로 쓰게 하는 것입니다.

- 무엇에 대해 작문을 할 것인지 우선 화제를 생각하는 것부터 시작합니다.

- 내용을 늘리거나 문장의 구성까지 생각하면, 국어능력뿐만 아니라 계획하거나 통합적인 능력을 단련할 수 있습니다.

'작문 연습' 사례

영희는 중학교 2학년입니다. 초등학교 때부터 학습 전반에 걸쳐 어려움이 있었어요. 영희 스스로도 '공부가 싫다', '공부해도 모르겠다'라는 생각이 강합니다. 말할 때도 자신의 생각이나 느낌을 표현하는 데 어려움을 겪습니다.

영희는 약 1년 8개월 동안 한 달에 3~4번 정도 수업을 계속했습니다. 수업을 처음 시작할 때는 과제를 보자마자 "몰라요!", "못해요!"라며 저항하거나 포기하는 모습을 보이는 일이 많았어요. 하지만, 조금씩 실력이 성장하면서 자신감도 생기고 끈기있게 과제를 진행하게 되었습니다.

훈련자 : 오늘도 작문 연습을 해볼까?

영희 : 아, 또 작문이에요? 그거 잘 못하는데 …….. 근데 오늘은 뭐에 대해서 써요? (어색한 웃음)

훈련자 : 작문을 할 때 어떤 점이 어렵니?

영희 : 뭘 써야 할지 모르는 것도 있고, 만약 쓸 것이 정해져 있다고 해도 이어지지 않아요. 한 줄 쓰고 나면 끝! 어떻게 문장을 이어가야 할지 잘 모르겠어요.

(영희가 느끼는 어려움을 공유한 후, 접속사의 사용법에 대해 확인하고 과제를 진행하기로 했다.)

영희의 작문 연습 – 과제 문장

예 오늘은 비가 오고 있다. (하지만) 소풍은 연기되지 않았다.

• 오늘은 학교가 쉬는 날이다. (   ) 일요일이기 때문이다.

• 나는 어제부터 아무것도 먹지 못했다. (   ) 배가 고프다.

(영희에게 두 문장을 읽어주고 (   )에 들어갈 적절한 접속사를 생각해보라고 했다.)

영희 : 아, 전혀 모르겠어요. 문장이랑 문장을 연결하는 거 정말 어려워요.

(그래서 하나씩 접속사의 용법(역접, 이유 등)을 알려준 다음에 한 문제씩 두 문장의 전후관계를 함께 확인했다.)

영희 : (중요한 사실을 깨달은 듯) 이거 문법문제라고 생각하니까 어려웠는데, 그냥 보통 때도 이런 말 쓰잖아요!

훈련자 : 그래 맞아. 일상생활에서 접속사를 많이 쓰고 있어. 방금 전에도 '밤에 일찍 자야지 하고 생각했어요. 하지만 잠이 안 왔어요'라고 말했잖아.

(수업을 시작할 때 영희가 말했던 내용을 이야기했다.)

영희 : (고개를 끄덕이며) 아, 정말이네!

(영희는 몇 가지 연습문제를 더 풀고 접속사를 이해하게 되었다.)

훈련자 : 그래도, 왜냐하면, 그래서 등을 써서 작문을 해볼까?

영희 : 네! (고민하지 않고 다음의 작문을 술술 써내려갔다.)

영희의 작문

어제 뷔페에 갔습니다. 그래도 만족스럽지 않았습니다. 왜냐하면 별로 맛있지 않았거든요. 그래서 편의점에서 볶음우동과 새우프라이를 샀습니다.

훈련자 : (영희가 쓴 작문을 읽으면서) 아주 잘 썼는데! 좋았어!

영희 : 뭔가 어렵게 생각하니까 잘 몰랐던 거 같아요. 생각보다 쉽게 써졌어요. (기뻐한다.)

- 그 후 연습을 거듭하면서 점차 배운 내용이 정착되어 갑니다.
- 이전에는 한 가지 주제에 대해서 문장 하나를 쓸 때도 상당히 어려워했는데, 요즘은 접속사를 사용해 문장을 연결하고 내용을 깊이 있게 만들 수 있습니다.

💡 훈련 TIP 작문 연습

처음부터 완벽한 문장을 쓰려고 하지 말고, 우선 아이 스스로가 쓰고 싶어 하는 것을 자유롭게 쓰는 것부터 시작합니다. 그때 아이가 쓴 글에 대해 "알기 쉽게 잘 썼네", "이 표현 참 멋지다"라며 긍정적인 평가와 감상을 전달해줍니다.

아이가 문장을 쓰는 데 익숙해지면 "자, 이번에는 서로 대화하는 걸 써볼까?", "이 부분을 조금 더 자세히 써볼래?"라는 식으로 조금씩 수준을 높여갑니다.

선택적 함묵에 효과적인
실전 훈련

• • •　　집에서는 아무렇지 않게 말을 하면서도 학교에서나 다른 사람들 앞에서는 말을 한 마디도 하지 않는 상태를 '선택적 함묵'이라고 합니다. 이런 경우도 생각보다 꽤 흔하게 나타나는 문제입니다. 물론 말을 하지 않아도 친구들과 노는 것은 가능합니다. 하지만 학년이 올라가면서는 잘 어울리지 못하고 내향적인 성격이 심해지거나 자신감을 잃기 쉬워집니다.

이런 상황의 바탕에는 자폐적인 발달문제가 있는 경우도 있어요. 그러나 그런 문제가 없어도 불안이나 긴장이 심한 것 때문에 일어나는 경우도 많습니다. 선택적 함묵은 그냥 방치해 두어서는 쉽게 개선되지 않습니다.

그렇다고 선택적 함묵 아동에게 갑자기 말하는 것을 목표로 삼게 하면 그것이 큰 부담이 되어 훈련에 재미를 못 느낍니다. 우선은 함께 즐기며 노는 것을 중요하게 생각해야 합니다. 애착관계가 형성된 단계에서 아이 본인의 마음도 열리고 말하는 연습도 해보고 싶다고 하면, 그때 말하기 훈련을 진행합니다.

일단 말이 나오면 사회성 훈련 등 폭넓은 훈련을 하거나 상담을 합니다. 그래서 아이가 힘들어하는 점이나 학교, 가정의 상황 등에 대한 이야기를 들어주며 마음을 정리하게 하여 자기 표현력을 끌어올립니다.

대상 연령 : 초등학생 ~ 중학생

'선택적 함묵' 사례 ①

영희는 초등학교 3학년입니다. 처음에는 표정도 굳어 있고 몸이 경직될 정도로 긴장해 있었습니다. 그래서 처음부터 억지로 목소리를 내는 연습은 하지 않고 병행 말하기를 이용하거나 손짓 발짓 등의 비언어적 소통을 활용해 대화를 했습니다. 그러자 아이는 훈련이 끝나도 퇴실하려고 하지 않고 놀이도구를 가지고 오거나, 하고 싶은 놀이를 먼저 하자고 하는 등 자신의 주장을 나름 제안하기 시작했습니다.

놀이 과정에서 종이를 손등에 놓고 서로의 종이를 입으로 불어서 날리는 게임을 통해 숨을 내쉬는 연습을 했습니다. 또, 실로 전화를 만들어 놀거나 휘슬 나팔을 부는 등 힘들지 않은 범위에서 소리를 내도록 시도했습니다.

"나팔을 잘 불었네. 열심히 잘했어!"라고 말해주자, 영희 스스로도 만족해하는 것 같았습니다.

훈련자는 영희가 좋아하는 토끼 인형을 사용해 영희에게 말을 걸고, 영희가 질문에 대답할 때는 인형으로 스킨십을 하면서 응원했습니다. 억지로 강요하지 않고 병행 말하기로 대신 대답하거나 본인이 대답하기를 기다려주었습니다.

영희는 입을 움직이면서 애쓰는 모습을 보였습니다. 하지만 말을 하려고 하면 눈물이 맺혀서 "애썼어"라며 머리를 쓰다듬고 안심시키는 것을 우선했습니다.

인형을 이용한 소꿉놀이를 좋아하는 영희는 인형을 훈련자에게 주고 자신은 소꿉놀이 세트 앞에 서서 엄마처럼 요리를 만듭니다. 그러는 동안에 훈련자는 몇 개의 역할을 소화하고 영희를 웃기기 위한 대화를 시도합니다. 영희는 입을 움찔거리다가 웃음을 터트렸습니다.

그밖에도 손을 잡는 운동이나 몸을 이용한 놀이를 할 때 웃음을 참는 표정도 보였습니다. 서서히 표정이 부드러워지는 것을 느낄 수 있었습니다.

'SST 주사위' 놀이를 했을 때 '안녕! 하고 인사하자'라는 부분에서 멈췄어요. 훈련자가 먼저 시범을 보이면서 "해볼래? 아~"라고 하자, 영희는 고개를 끄덕이며 "아~" 하며 숨을 내뱉었습니다. 처음으로 소리를 낸 순간이었습니다.

"너무 잘했어. 조금 더 해볼래?"

영희도 할 수 있겠는지 고개를 끄덕입니다. 평소에는 눈물을 글썽이며 고개를 흔들었는데, 그때는 연습을 계속하려고 했어요. 그리고 '아'부터 순서대로 목소리를 냈습니다. '아', '이' 등을 말할 수 있게 되자 기쁜 표정을 짓더니 조금씩 소리를 내려고 했습니다.

잘했다고 머리를 쓰다듬고 손을 함께 잡으며 소리를 냈습니다. 그 후로 몇 번이나 스스로 주사위 놀이를 하려고 했어요. 그리고 '고마워'라고 답하는 부분에서 훈련자가 잠깐 다른 곳을 봤을 때 "고마워"라고 작은 목소리가 들렸습니다.

훈련자가 "말했구나"라고 하자, 영희는 '고', '마', '워' 하고 한 글자씩 숨을 내뱉듯이 말합니다.

"조금 더 크게 말할 수도 있을까? 옆방 소리가 너무 커서 우리가 지는 것 같아"라고 했어요. 영희는 웃음을 터뜨리며 크게 "아!"라고 했습니다.

"우와, 대단해. 다른 것도 할 수 있지 않을까?"

그러자 영희는 웃으면서 몇 번인가 되풀이했습니다.

"굉장해. 멀리서도 잘 들려. 진짜 잘했어."

그 후로 영희는 계속해서 훈련자를 향해 소리를 내주었습니다.

훈련자가 "안녕!"이라고 하면 본인도 "안녕!"이라고 했어요. "좋아하는 음식은?"이라고 묻자 "햄버거", "좋아하는 색깔은?" "빨강", "좋아하는 만화는?" "도라에몽"이라며 질문에 답하기도 합니다.

"굉장해!" 훈련자가 머리를 쓰다듬으며 손바닥을 치자, 영희도 기쁘고 안심한 듯한 표정입니다.

'선택적 함묵' 사례 ②

철수는 초등학교 5학년입니다. 유아기에는 특별히 발달 면에서 신경 쓰이는 점이 보이지 않는 '키우기 수월한 아이'였습니다. 철수는 5학년으로 올라갈 때 전학을 갔는데, 새로운 학교에서 잘 적응하지 못했습니다. 그러더니 가족 이외의 사람과는 일체 말을 하지 않게 되었습니다.

철수와는 약 반 년 동안 한 달에 1~2번 정도 약 10회의 수업을 진행했습니다. 수업을 시작했을 무렵에는 말이 안 나왔을 뿐만 아니라 표정도 딱딱하고 늘 긴장하고 있는 듯했습니다.

다음에서 소개하듯이 5회차 수업에서 처음으로 말을 하게 되었습니다. 그 후로도 수업을 계속하였더니 지금은 훈련자의 질문에 정확히 대답하고 표정도 한결 부드러워졌습니다.

철수의 수업 1회차 : 자기소개

훈련자가 "먼저 자기소개를 해보자. 이 종이에 자기소개 카드를 만들어볼까?"라고 이야기한 후 종이, 색연필, 펜을 준비했습니다. 철수는 고개를 끄덕이며 긴장한 표정으로 카드를 만들기 시작합니다. 이름, 나이, 생일, 좋아하는 것, 잘 못하는 것을 적었습니다.

철수와 훈련자가 각각 다 적었을 때 훈련자가 먼저 "나부터 자기소개를 할게"라고 하며 카드를 보여주고 자기소개를 시작했습니다.

철수는 때때로 고개를 끄덕이며 훈련자의 이야기를 듣고 있었습니다. 그런 다음에 "이제 너에 대해서도 알려줄래?"라고 하자, 철수는 카드를 훈련자에게 보여주었습니다.

훈련자가 철수가 작성한 카드를 읽으면서 "그렇구나, 철수는 그림 그리기를 좋아하는구나. 달리기를 잘 못하는 건 나랑 똑같네"라고 말했어요. 철수는 고개를 끄덕이며 표정이 조금씩 풀립니다.

마지막으로 "앞으로 잘 부탁해. 재미있는 놀이 많이 하자"라고 말했어요. 철수는 조금 부드러운 표정을 지어보이고는 입모양도 긴장이 풀어진 듯했습니다.

하지만 수업을 하는 동안 철수가 말을 한 적은 한 번도 없었습니다. 말하기뿐 아니라 비언어적인 소통을 통한 자기주장, 자기표현을 하는 데도 어려움이 느껴졌습니다.

철수의 수업 2~4회차 : 놀이의 공유

2회차부터 4회차까지의 수업에서는 그림 그리기나 젠가, 종이접기 등의 놀이를 함께했어요. 그 과정에서 즐거움과 재미를 공유하는 것을 중요시하며 수업을 진행했습니다. 또 매번 수업의 도입부분에서 '지난 2주 되돌아보기'라는 제목으로, 지난 수업 이후에 있었던 일들에 대해 글로 적어 공유하는 일을 빠뜨리지 않고 했습니다.

지난 2주 되돌아보기

🙂 훈련자 : 잘 지냈니?

　(철수는 고개를 끄덕인다.)

🙂 훈련자 : 휴일에는 어디 갔었니?

　(철수는 고개를 옆으로 젓는다.)

🙂 훈련자 : 그랬구나. 요즘 계속 날씨도 안 좋았고, 그렇지?

　(철수는 고개를 끄덕인다.)

🙂 훈련자 : 오늘도 지난 2주를 되돌아보기부터 시작할까?

　(철수는 고개를 끄덕인다.)

🙂 훈련자 : 지난 2주를 떠올리면서 즐거웠던 일을 종이에 써줄래?

　(철수는 고개를 끄덕인다. 다 쓴 후)

🙂 훈련자 : 그랬구나! 쿠션을 만들었구나!

　(철수의 입 주변에 긴장이 풀리면서 고개를 끄덕인다.)

🙂 훈련자 : 굉장한데! 미싱으로 만들었어?

　(철수는 고개를 끄덕인다.)

🙂 훈련자 : 어렵지 않았니?

(철수의 표정이 굳어진다.)

🙂 훈련자 : 내가 미싱을 잘 못다루거든. 아마 내가 만들었으면 박음질한 곳이 삐뚤빼뚤했을 거야.

(철수의 긴장이 풀리면서 웃는다.)

종이접기

🙂 훈련자 : 오늘은 뭘 만들어볼까? (종이접기 사전을 건네면서) 철수야, 이 중에서 좋아하는 걸 하나 골라볼래?

(철수는 당혹스러운 듯한 표정을 보인다.)

🙂 훈련자 : 너무 많아서 고르기 힘들려나?

(철수의 표정이 굳어진다.)

🙂 훈련자 : 그러면 '가을에 관한 작품' 부분에서 골라볼까?

(철수가 잠시 생각하더니 '곰' 페이지를 펼친다.)

🙂 훈련자 : 우와! 곰 얼굴로 할 생각이야? 너무 귀엽다.

(철수가 고개를 끄덕인다.)

🙂 훈련자 : 그럼 오늘은 이걸로 하자!

이렇게 서로 소통하면서 종이접기를 진행했습니다. 훈련자가 "어, 여기 어떻게 접는 거지?"라고 말하며 어려워하는 모습을 보였습니다. 그러자 철수는 어색하지만 웃기도 하고, 큰일났다는 듯한 표정을 보였어요. 말은 하지 않았지만 표정에는 다양한 변화가 생겼습니다.

철수의 수업 5회차 : 목소리를 내는 연습

5회차 수업에서는 목소리를 내는 연습을 진행했습니다.

🧑 훈련자 : 목소리 내는 연습을 같이 해볼래?

   (철수가 긴장한 표정을 보이면서도 고개를 끄덕인다.)

🧑 훈련자 : 좋았어! 무리할 필요는 없어. 조금만 해보자!

   (철수가 고개를 끄덕인다.)

연습 ①

🧑 훈련자 : 우선은 '아' 하고 소리 내는 연습부터 해볼까? 작은 소리라도 괜찮아. 그냥 네가 낼 수 있는 정도로만 해도 돼. 내가 '시작!'이라고 하면 함께 '아'라고 해보자.

   (철수가 고개를 끄덕인다.)

🧑 훈련자 : 시작! 아~.

😀 철수 : (훈련자에게 들리는 크기로) 아~.

🧑 훈련자 : 우와 굉장해! 소리를 냈어!

연습 ②

🧑 훈련자 : 그럼 이번에는 '안녕'하고 말해볼까? 내가 말하면 그 다음에 이어서 철수도 이야기해보는 거야.

   (철수가 고개를 끄덕인다.)

🧑 훈련자 : 안녕.

😀 철수 : 안~녕. (또박또박 들리는 소리로 말한다. 몇 번 연습하자

목소리가 점점 커진다.)

🙂 훈련자 : 대단해! 너무 잘했어. 정말 잘 들려.

연습③

🙂 훈련자 : 그럼 이번에는 철수 네 이름을 말해볼래?

(철수가 고개를 끄덕인다.)

🙂 훈련자 : 내 이름은 김철수예요. 시작!

👦 철수 : 내 이름은 김철수예요. (빠르긴 하지만 정확히 말한다.)

처음에는 꽤 긴장한 표정이었지만 열심히 애써서 소리를 내는 데 성공했습니다. 반복해서 연습하자 자신감이 생겼는지 목소리가 서서히 커졌고 표정도 부드러워졌습니다.

> ### 💡 훈련 TIP 말하기 놀이
>
> 선택적 함묵을 가진 아이는 일상생활에서 불안과 긴장을 심하게 느끼는 일이 많습니다. 이 점을 고려하면서 훈련자는 절대 말하기를 강요하지 말고, 아이의 속도를 중시하면서 함께 놀거나 아이의 마음을 대신 언어화합니다. 그러면서 사람과 상호작용하는 즐거움이나 재미, 기쁨을 공유하는 것을 소중히 여기기 바랍니다. 이러한 과정을 통해 아이 자신이 타인에 대해 안심하는 마음을 가지는 것이 중요합니다.

철수의 수업 6회차 : 놀이를 통한 말 주고받기

6회차 이후의 수업에서는 그림책을 읽거나 카드게임을 하면서 놀이 속에서 언어적인 소통을 할려고 합니다.

말하기 놀이 (기억력 게임)

예 주제에 맞는 단어를 번갈아 말하기

훈련자 : 사과 ➡ 철수 : 사과, 바나나 ➡ 훈련자 : 사과, 바나나, 토마토 ➡ 철수 : 사과, 바나나, 토마토, 딸기 ➡ …….

훈련자 : 철수야, 오늘도 저번에 했던 기억력 게임 하지 않을래?

철수 : 해요. (말로 반응한다.)

훈련자 : 저번에는 음식 시리즈로 했었지. 이번에는 뭘로 할까?

철수 : 음, 동물?

훈련자 : 오~ 동물? 재미있겠다! 오늘의 주제는 동물이다!

철수에게는 동물의 이름을 기억할 뿐만 아니라 말을 해야 하니 용기가 필요한 놀이였어요. 이날은 열 개의 단어까지 성공하고, 철수와 훈련자 모두 열한 번째 단어에서 "어? 뭐였지?"라며 혼란이 생겨서 게임이 끝났습니다.

철수는 당황한 표정을 보이거나 기뻐하는 표정을 보이는 등 다양한 표정변화도 보였습니다.

제5장

시각·공간인지 훈련

구기종목을 잘 못하는
아이의 시각·공간인지
능력 키우기

◇
◇

이번 장에서는 시각정보를 다루는 능력이나 눈과 손을 사용하는 운동 능력의 기
초가 되는 시각·공간인지 능력에 대해 발달 훈련을 진행하겠습니다.

아이가 여러 운동과 악기를 배우면 좋은 이유를 알려주고, 손과 발을 함께 사
용하는 훈련을 진행할 건데요.

먼저 아이의 시각·공간인지 능력을 알 수 있는 '체크리스트'를 확인합니다.

아이의 '시각·공간인지 능력' 확인하기

※ 다음 체크리스트는 아이의 시각·공간인지 능력을 알기 위한 것으로, '정상'과 '비정상'을 판정하는 기준이 아닙니다.

··'시각·공간인지 능력' 체크리스트 ··

1. 운동(철봉, 구기, 율동 등)을 잘 못한다.

① 매우 그렇다.　　　　② 어느 정도 그렇다.

③ 별로 그렇지 않다.　　④ 전혀 그렇지 않다.

2. 손끝이 야무지지 않다.

① 매우 그렇다.　　　　② 어느 정도 그렇다.

③ 별로 그렇지 않다.　　④ 전혀 그렇지 않다.

3. 몸의 균형이 좋지 않으며 자주 다친다.

① 자주 그렇다.　　　　② 때때로 그렇다.

③ 가끔 그렇다.　　　　④ 거의 그렇지 않다.

4. 지도나 도형에 취약해서 자주 길을 잃어버린다.

① 매우 그렇다.　　　　② 어느 정도 그렇다.

③ 별로 그렇지 않다.　　④ 전혀 그렇지 않다.

5. 그림을 그리거나 만들기를 잘 못한다.

① 매우 그렇다.   ② 어느 정도 그렇다.

③ 별로 그렇지 않다.   ④ 전혀 그렇지 않다.

6. 글자를 잘 못쓴다.

① 매우 그렇다.   ② 어느 정도 그렇다.

③ 별로 그렇지 않다.   ④ 전혀 그렇지 않다.

7. 왼쪽, 오른쪽을 금방 판단하지 못할 때가 있다.

① 매우 그렇다.   ② 어느 정도 그렇다.

③ 별로 그렇지 않다.   ④ 전혀 그렇지 않다.

8. 거울에 비친 것처럼 글자를 반대로 쓸 때가 있다.

① 자주 그렇다.   ② 때때로 그렇다.

③ 가끔 그렇다.   ④ 거의 그렇지 않다.

여러 운동과 악기를
배워야 하는 이유

— 시각·공간인지 능력 향상

••• 　시각·공간인지(또는 시각·공간 정보처리) 능력은 동작성 지능이라 불립니다. 동작성 지능은 눈을 통해 들어온 정보를 기억하거나 거기서 의미를 읽어내고 추리하며, 눈으로 얻은 정보와 손발의 운동을 연동시키면서 행동하는 기능을 가리킵니다.

따라서 시각·공간인지가 약하면 운동을 잘 못하고 손끝이 야무지지 못하며, 몸의 균형이 좋지 않거나 움직임이 안정적이지 않고, 도형이나 입체적인 것을 잘 파악하지 못합니다. 또한, 상황을 순간적으로 판단해 바로 대응하지 못하거나 작업을 착착 진행하지 못합니다.

시각·공간인지에도 다양한 기능이 있는데, 웩슬러 아동지능검사 Ⅳ에서는 '지각추리'와 '처리속도'로 나눕니다.

'지각추리'는 도형을 조작하거나, 그림 또는 도형의 정보를 통해 추리하는 능력을 나타냅니다.

'처리속도'는 다시 순차처리와 동시처리로 나뉩니다. 순차처리는 하나씩 과제를 실시하는 것으로, 눈과 손을 사용해 실시하는 단순한 작업을 재빠르고 정확히 해내는 능력을 말합니다. 동시처리는 말 그대로 동시에 두 개의 과제를 실시하는 능력입니다.

'처리속도'에는 하나하나의 단순한 과제를 빠르고 정확히 실시하는 능력이 요구됩니다. 눈치가 없고 동작이 서툴다거나 실무적인 능력은 처리속도 쪽에 반영됩니다. 처리속도가 나타내는 능력은 실행기능이라고도 불리는데, 앞에서 나온 주의력과도 관계됩니다.

그에 반해 '지각추리'에는 규칙성을 찾아내거나 개념화하고, 재구성하는 등의 고도의 정보처리가 필요합니다. 즉, 더 고도의 시각계 인지능력(이미지를 취급하는 능력이나 예측·추리하는 능력 등)이 반영됩니다. 지각추리가 낮으면 어려운 수학이나 도형, 그래프 이해, 문장을 이미지화해야 하는 응용문제, 컴퓨터나 자동차 등의 기능조작을 잘 해내기 힘들어요. 또 눈에 들어온 정보를 통해 상황을 판단하거나 장면과 표정을 통해 암묵적인 의미를 읽어내기도 어렵습니다.

그림을 잘 그린다고 생각하고 있었는데 검사를 해보니 '지각추리'가 낮아서 실망하게 되는 경우가 있습니다. 이것은 그림을 그리는 능력과 지각추리는 서로 다른 능력이기 때문입니다. 같은 시각·공간인지라도 그림을 그리는 능력은 구체적인 이미지를 조작하는 능력으로 이미지를 이미지 그대로 다룹니다. 반면에, 지각추리 능력은 추상적인 인지능력으로 이미지가 의미나 구조를 나타내는 것입니다.

수학이나 물리 등의 영역에서는 추상적인 이미지를 다루는 능력이 필수입니다. 물체와 힘, 가속도, 전류와 자기장 등의 추상적인 존재를 얼마나 명확하게 이미지화할 수 있느냐가 중요하지요. 이것과 관계되는 것이 바로 '지각추리' 능력입니다.

다만 '지각추리'가 높은 사람이라도 장면이나 표정을 읽어내는 사회인지가 좋지 않은 경우도 있습니다. 급격한 감정 변화에 대한 이해나 공감에는 다른 능력도 필요하기 때문입니다. 지각추리는 지적인 측면을 나타내는 지표로서, 사회적 인지에도 관련되어 있지만 그것만으로 결정되지는 않습니다.

시각 · 공간인지 능력으로 손끝이 치밀하거나 신체운동 능력도 중요한데, 웩슬러 아동지능검사에서는 거의 측정되지 않는 기능입니다. 이러한 기능을 객관적으로 평가하려면 다른 여러 검사를 진행해야 합니다. 하지만, 굳이 검사를 하지 않아도 일상생활이나 학교생활의 태도가 좋은 지표가 됩니다. 예를 들면 다음과 같습니다.

- 음식을 흘리지 않고 깔끔하게 식사를 할 수 있는가?
- 글씨 쓰기나 그림 그리기를 잘 못하는가?
- 블록을 쌓거나 모양을 만들 수 있는가?
- 걸을 때나 달릴 때 몸의 균형이 나쁜가?
- 잘 넘어지거나 발이 꼬이면서 다치지는 않는가?
- 체육이나 운동은 잘 하는가?
- 특히 구기종목을 잘 못하는가?

팀플레이가 필요한 구기종목은 상대방의 움직임에서 그 의도를 읽어내는 능력이나 상황판단 능력과도 관계됩니다.

따라서 시각·공간인지 능력을 단련하는 데 가장 손쉬운 방법이 블록 쌓기입니다. 그림 그리기, 점토놀이, 가위로 종이를 오리거나 프라모델을 만드는 것도 좋은 훈련입니다. 또한, 운동이나 악기를 배우는 것도 우수한 훈련이 됩니다.

앞에서 잠깐 피아노에 대한 이야기한 적이 있는데, 피아노를 배우는 것도 매우 효과적입니다. 발달과제에 어려움이 있는 아이는 좌우 뇌의 통합이 약한 경향이 있기 때문입니다.

좌우 뇌는 뇌량(腦梁, 좌뇌와 우뇌의 정보를 연결하는 다리 역할)이라는 신경 섬유 다발로 이어져 있습니다. 그것이 미분화되어 제대로 정보의 교통정리가 되지 않는 것이죠. 피아노는 좌우의 손을 각기 따로 움직이는 훈련을 하므로 뇌량의 분화와 발달을 촉진시킵니다.

● 좌우의 뇌와 뇌량 ●

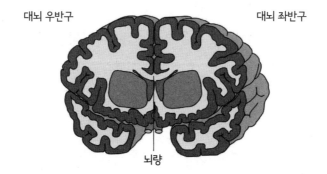

대뇌 우반구   대뇌 좌반구

뇌량

하나의 스포츠나 악기를 파고드는 것도 좋지만, 발달의 관점에서는 같은 회로만 사용하지 말고 다양하고 새로운 반응에 도전하는 것이 더 자극이 됩니다. 때로는 다른 스포츠나 악기에 도전해보는 것도 좋습니다.

교실이나 가정에서 훈련을 진행할 때 가끔 손발을 사용하는 운동을 바람을 쐴 겸 밖에서 하기도 하는데요. 그래도 역시 훈련의 중심은 도형 그리기나 글씨 쓰기, 모양이나 입체를 이해하고 그것을 사용해 구성하는 '지각추리' 측면에 더 중점을 둡니다. 나중에 수학이나 물리를 이해하는 데도, 컴퓨터로 CG나 애니메이션을 제작하는 데도 이미지를 조작하는 지각추리 능력이 필요합니다. 시각정보나 영상을 통한 소통이 큰 비중을 차지하게 되면서 기술적인 일이든 과학적인 영역이든 지각추리 능력은 필수적입니다.

물론 '처리속도'도 중요합니다. 처리속도는 일을 잘하느냐 못하느냐에 대해 하나의 지표입니다. 학습 면에서도 처리속도가 늦으면 제한시간 내에 답을 풀지 못하거나 기한 내에 과제물을 제출하지 못하는 등의 문제가 발생하기 쉽습니다. 지식이 있어도 제대로 살리지 못하는 요인이 됩니다. 따라서 집에서는 반드시 어릴 때부터 집안일을 돕게 하세요. 실행기능에 좋은 훈련이 됩니다.

'처리속도'를 단련하는 훈련은 그저 계산을 반복하는 것처럼 단조로워지기 쉬우므로 훈련 시간 중 일부만 진행하는 것이 좋습니다. 처리속도만 단련하는 것보다는 주의력이나 동시처리, 도형인지, 눈과 손의 협응 등 아이의 약점을 포함한 과제를 함께 진행하면 여러 면에서 능력을 키울 수 있습니다.

손과 발을 사용하는
실전 훈련

● ● ●　　　뇌는 좌반구와 우반구로 나뉘어 있으며, 좌우의 반구는 앞에서 이야기했듯이 뇌량이라는 신경섬유 다발로 이어져 있습니다. 발달과제에 어려움이 있는 아이나 성인은 이 뇌량의 발달이 좋지 않으며, 신경섬유도 어수선하고 정리되지 않은 경향이 있습니다.

좌우에서 각각 다르게 움직이면서 협조하는 운동은 좌우의 뇌반구를 연동시켜 뇌량의 발달을 촉진시킵니다.

예를 들면, 걸을 때 좌우의 손발은 따로따로 움직일 뿐만 아니라 전체의 균형을 유지하면서 하나의 연동된 동작이 되어야 합니다. 그리고 공을 잡거나 차는 등의 운동이 추가되면 눈과 손발을 더 복잡하게 연동시키면서 움직여야 합니다.

발달과제에 어려움이 있는 아이는 이런 연동이 원활하지 않으므로 움직임이 어설퍼지기 쉽습니다. 걷는 모습을 봐도 어딘가 균형이 맞지 않습니다.

이때 좌우 번갈아 하는 동작이나 좌우를 교차시키는 움직임은 좋은 자극이 됩니다. 피아노 등의 악기 연주도 좌우의 손이 따로 움직이면서 동시에 하나의 악곡을 연주하므로, 자율과 협조라는 두 가지 역할을 통해 좌우의 뇌를 잘 연동시키게 됩니다.

서로 움직임이 원활하려면 하나로 묶인 신경세포가 연동하면서 작용해야 합니다. 그런데 발달과제에 어려움이 있는 아이는 뇌의 신경세포가 동시에 활성화 되는 체제가 약한 편입니다. 따라서 동시에 뇌를 자극하기 위해 좌우의 손발을 각각 동시에 사용하는 운동이 효과적입니다.

대상 연령 : 유아 ~ 초등학교 저학년

- 요즘 아기들은 엎드려 기는 기간이 많이 줄었다고 합니다. 엎드려 기는 동작은 손발의 협응을 단련하고 몸과 머리를 지지하는 근력을 키우는 데도 아주 중요합니다. 전문가 중에는 발달을 촉진하는 것 이상의 효과가 있다고 말하기도 합니다.

- 손발을 번갈아 가며 움직이고 네 발로 기어가면 운동기능뿐만 아니라 사회성과 지능의 발달에도 좋은 영향이 있다고 합니다. 따라서 엎드려 기면서 쫓아가는 잡기 놀이를 하거나 장애물을 두고 이를 피하며 전진하는 놀이도 좋습니다.

- 엎드려 기기를 적용한 훈련 중 하나로 '엎드려 기면서 구슬 찾기'가 있습니다.

적용할 만한 규칙

① 서로 반대로 돌다가 마주치면 가위바위보를 해서 이기면 "아자!" 하고 소리를 지른다.

② 진 사람은 "땡" 하고 옆으로 넘어지며 상대방에게 길을 양보한다.

③ 세 번 연속으로 이기면 '승리'한 셈이니 크게 "아자!" 하고 기합소리를 외친다.

시각·공간인지 훈련 눈 감고 제자리걸음하기

대상 연령 : 전 연령

- '눈 감고 제자리걸음하기(stepping)'는 발달장애가 있는지 없는지를 알아보는 검사로도 자주 사용됩니다.
- '눈 감고 제자리걸음하기'의 대표적인 방법은 손을 크게 흔들면서 활기차게 제자리걸음을 하다가 그 상태로 눈을 감고, 계속 제자리걸음합니다.
- 또 다른 방법은 눈을 감고 한 번 회전한 후 얼마나 정면을 잘 바라보는지를 봅니다.
- 발달과제에 어려움이 있는 아이는 '눈 감고 제자리걸음하기'를 할 때 손발을 움직이는 타이밍이 잘 맞지 않거나, 번갈아가면서 하지 못하고 함께 움직이는 등 동작이 어설프고 균형이 맞지 않는 경우가 많습니다.
- 게다가 눈을 감으면 몸의 방향이 회전하는 경우가 많아서 진단의 단서가 됩니다.
- 왜냐하면 스텝을 밟는 것이나 제자리에서 뛰는 것이 단순한 동작처럼 보여도, 손발의 협조가 필요한 좋은 자극제이기 때문입니다.

균형을 단련하는 데 도움이 되는 놀이

① 한 발로 서서 눈 감고 균형 잡기

② 한쪽 발끝에 또 다른 발의 뒤꿈치를 갖다 대는 '일자 보행(tandem gait, 일직선을 따라 걸음)'

③ 평평한 마당에 놀이판을 그려 놓고 돌을 던진 후, 첫 칸부터 마지막 칸까지 다녀오는 '사방치기 놀이'

● 눈 감고 제자리걸음하기 ●

대상 연령 : 전 연령

그 밖에 좌우의 뇌를 연동시켜 사용하는 훈련으로 손발의 교차운동이나 역패턴(일정하지 않은 패턴)의 동작이 있습니다. 또한, 'GO-NO GO(가다-가지 말다)' 과제도 있는데, 행동의 브레이크(멈춤)와 액셀(움직임)을 나눠서 사용하는 훈련입니다. 이것은 7장의 '실천적인 사회성 훈련' 중에서 행동과 급격한 감정 변화에 대한 조절능력을 높이는 데도 도움이 됩니다.

'교차 운동' 방법
<u>반대 방향으로 어깨 돌리기</u>

① 먼저 좌우의 팔을 앞으로 뻗는다.

② 처음에는 같은 방향으로 좌우의 팔을 돌린다.

③ 원활하게 움직이면 이번에는 반대 방향으로 돌린다.

④ 처음에는 천천히 동작을 익힌 후 잘 되면 속도를 올린다.

<u>교차 트위스트</u>

① 양팔을 접은 상태에서 트위스트 댄스를 추듯이 리듬을 타며 양팔을 번갈아 가며 움직인다.

② 처음에는 팔과 같은 쪽의 다리를 들어 올린다. 즉 오른팔을 흔들 때는 오른쪽 무릎을 올린다. 이때 무릎과 팔꿈치가 닿도록 한다. 왼팔을 흔들 때는 왼쪽 무릎을 올린다.

③ 다음으로 손과 발의 동작을 교차시킨다. 즉 오른팔을 흔들 때는 왼쪽 무릎을 올리고, 왼팔을 흔들 때는 오른쪽 무릎을 올린다.

④ 이 동작을 익힌 후에는 같이 리듬에 맞춰 춤을 추듯이 실시한다. 신나는 음악을 틀고 하면 더 재미있다. 익숙해지면 모양을 바꾸고 변형시켜서 진행한다.

● 교차 트위스트 ●

주먹 보자기 찌르기

① 우선 양손을 주먹 쥐고 번갈아 가며 찌르기를 10번 한다.

② 다음은 양손을 보자기 낸 상태로 찌르기를 10번 한다.

③ 이번에는 찌르는 손은 주먹, 뒤로 빼는 손은 보자기로 만들어 번 갈아 가며 찌르기를 한다. 그리고 반대 패턴으로 찌르는 손은 보 자기, 뒤로 빼는 손은 주먹을 쥐고 번갈아 찌르기를 한다.

④ 양쪽 다 잘 되면 연속해서 찌르기를 한다. 이때 '주먹 찌르기', '보 자기 찌르기'라고 구령을 붙이거나 패턴을 바꿔서 한다.

■ 찌르기 연습을 하듯이 한쪽 손을 앞으로 내밀고 다른 손을 뒤로 빼는 동작입니다.

시각·공간인지 훈련 **트램펄린**

대상 연령 : 유아 ~ 초등학교 저학년

트램펄린은 아이들이 재미있게 전정기관(평형감각)이나 체성감각(몸 감각) 등을 단련하고 감각을 통합하는 데 도움이 되는 놀이기구입니다. 훈련 시간뿐만 아니라 일상의 놀이시간이나 한가한 시간에 뛰면 다양 한 효과를 기대할 수 있습니다.

대상 연령 : 전 연령

'트위스터' 방법

① 회전판을 돌려서 나오는 색에 손과 발을 갖다 댄다.

② 자세를 유지하지 못하고 넘어지면 교대(패배)하게 된다.

- '트위스터'라는 보드게임은 몸의 균형감각을 잡아주는 데 적합한 훈련입니다.
- 시중에 판매되고 있는 가정용 게임을 활용해도 됩니다.
- 이 게임을 통해 몸의 좌우를 확인하고 자신의 몸을 잘 사용하는 힘을 키울 수 있습니다.
- 균형감각이나 몸의 동작도 유연해집니다.

● 트위스터 ●

'트위스터' 사례

초등학교 3학년인 철수는 몸의 균형감각이 좋지 않고 모든 운동에 취약하여 체육 수업시간 때 줄넘기에 어려움을 겪고 있었습니다. 새로운 것에 대한 불안이 강해서 몸을 사용하는 종목을 계속 거부해왔는데요.

훈련자가 트위스터를 보여주자 예상대로 반사적으로 "안 해요!"라며 거부반응을 보입니다.

> 🧑‍🏫 **훈련자** : 괜찮아, 일단 선생님이 하는 걸 봐봐. (룰렛을 돌린다.)
>
> 🧒 **철수** : 이게 뭐예요? (관심을 보이더니 룰렛을 돌리고는 멈춘 색깔을 읽어준다.)
>
> (훈련자가 시범을 보이자 훈련자의 자세를 잘 보고는 웃음을 터뜨리더니, 몇 번이고 룰렛을 돌리면서 훈련자에게 나온 색깔을 알려준다.)
>
> 🧑‍🏫 **훈련자** : 이제 교대하자.
>
> 🧒 **철수** : 네? 싫어요. 한 번 더 해봐요.
>
> 🧑‍🏫 **훈련자** : 알았어. 그럼 다시 해볼게. 오른쪽이 어디였지? (확인하면서 진행한다.)

다시 시작하자 점차 열중하더니 조금 전에 하기 싫다고 한 것은 완전히 잊은 듯합니다.

"잠깐만, 엉덩이가 선생님 얼굴에 너무 가까워", "다리가 찢어지겠네"라고 농담도 하며 진행하자 철수도 재미있는 자세를 보는 것이 웃긴 모양입니다.

철수는 그 후 몇 차례나 수업에서 "트위스터하고 싶어요"라고 말했습니다.

"운동신경이 좋아졌어요! 이건 뭐 식은 죽 먹기죠."

철수는 집에서도 트위스터를 한다며 신나서 말합니다. 줄넘기 비법을 훈련자에게 보여주거나 철봉도 할 수 있게 되었답니다. 요즘은 자신이 생겼는지 적극적인 변화가 보이고 있습니다.

사소한 계기라도 거기서 재미를 느끼고 자신감을 되찾으면 아이는 달라집니다. 의욕을 보이지 않을 때는 훈련자가 시범을 보이는 것이 좋은 계기가 되기도 합니다.

눈과 손을 사용하는
실전 훈련

● ● ●　　발달과제에 어려움이 있는 아이는 종종 안구운동(눈을 상하좌우로 움직이는 동작)이 원활하지 않을 때가 있습니다. 그래서 사물을 눈으로 쫓거나 두 가지 물건을 비교하고 물건을 찾는 데 미묘하게 어려움이 있습니다. 또 일을 빈틈없이 처리하지 못하는 원인이 되기도 합니다.

　그림을 그리거나 구기종목을 하는 것은 눈과 손을 사용하는 아주 좋은 훈련이지만, 서툴러서 부정적인 평가를 받으면 완전히 의욕을 상실하기도 합니다. 훈련할 때는 부정적인 말은 삼가고 아이의 노력을 슬쩍 칭찬해주세요. 서툴러도 해내면 즐거움을 느끼고, 하다보면 능숙해지는 법이니까요.

대상 연령 : 유아 ~ 초등학생

■ 고리 던지기나 공을 사용한 놀이는 지금도 아이들에게 인기가 많으며, 시각·공간인지 발달에 아주 효과적입니다.

■ 훈련이나 일상의 놀이 속에서 조금씩 진행하면 다양한 효과를 기대할 수 있습니다.

■ 특히 투호(일정한 거리에서 화살을 던져 병 속에 넣는 놀이)는 자세를 유지하면서 눈과 손의 동작을 함께해야 하므로 시각·공간인지 훈련에 가장 효과적입니다.

> ### 훈련 TIP 고리 던지기, 공놀이, 투호
>
> 훈련을 묵묵히 진행하는 것보다는 "어떻게 하면 더 잘 될까?", "이렇게 해보면 어때?"라며 함께 방법을 생각하거나 상호작용을 하면서 즐겁게 진행하는 것이 중요합니다. 누군가 성공했을 때는 서로 기뻐해주고 잘 안 될 때는 위로한다면 일체감을 얻을 수도 있어요.

대상 연령 : **전 연령**

■ 에어하키는 속도감이 있어서 시각·공간인지 훈련에 적합한 오락실용 게임입니다. 눈과 손의 움직임을 협조시키는 힘과 움직이는 물체를 눈으로 쫓는 힘을 필요로 하거든요.

■ 또 승패나 놀이의 규칙을 알아야 하므로 집단놀이에서 요구되는 능력을 익힐 수도 있습니다.

'에어하키' 사례

다음의 사례는 초등학교 2학년인 철수와 에어하키를 했을 때의 이야기입니다.

철수 : (에어하키를 발견하고) 저 이거 하고 싶어요. 선생님, 누가 이기는지 해봐요!

훈련자 : 그래, 좋아! 오늘은 에어하키를 해보자.

(철수는 좋아하며 당장 준비를 시작한다.)

철수 : ('이기고 싶다'는 마음으로) 좋았어! 그렇지! (열심히 퍽을 친다.)

철수는 자신이 득점을 하면 "야호! 좋았어!"라며 만세를 불렀고, 훈련자가 득점을 하면 "아이 참!" 하고 억울함을 온몸으로 표현했습니다. 그렇게 게임을 진행하는 도중에, 철수는 자신이 질 것 같으면 갑자기 규칙을 변경하자고 제안했습니다.

철수 : 다음 번에 득점을 하면 3점 넣은 걸로 하는 거 어때요?

훈련자 : 정말 이기고 싶구나. 그런데 중간에 갑자기 규칙을 바꾸면 어떻게 될까? 친구들과 놀 때 상대방이 갑자기 규칙을 바꾸면 철수는 깜짝 놀라지 않을까?

철수 : 아, 그렇겠네요.

훈련자 : 이런 규칙으로 하면 재미있겠다고 생각하는 거나 이렇게 놀면 좋겠다 싶은 게 있으면, 한 게임이 끝났을 때나 다음 놀이가 시작되기 전에 말해줘.

철수 : 알겠어요. 그럼 다음 게임부터 규칙을 바꾸는 걸로 해요. 음, 그럼 누군가 9점을 따면 다음에 점수가 들어간 사람은 3점을 넣은 걸로 해요!

훈련자 : 그거 좋네. 그런 걸 '협상'이라고 한단다. 서로 납득이 가는 약속을 정하는 건 아주 중요하지.

대상 연령 : 5세 이상

- 훈련자가 견본 도형을 제시하고 그대로 베끼는 과제입니다.
- 눈으로 본 모양을 종이에 그대로 그리는 동작을 원활하게 실시해야 합니다.
- 눈과 손의 협응 동작이나 시각적인 작업기억, 손의 치밀성, 집중력 등이 요구되며 동작성 지능을 알아볼 수 있는 훈련입니다.

'도형 베끼기' 사례

초등학교 2학년 영희는 선생님의 지시를 듣고 행동하는 것이나 쌍방향 소통이 약합니다. 그러나 훈련을 하게 되면서 의사소통 능력과 청취력이 좋아졌고 지시도 잘 따르게 되었습니다. 하지만 아직 글자나 도형 그리는 것을 어려워해서 새로운 과제에 도전하기로 했습니다.

훈련자가 "오늘은 안 해본 걸 해볼까?"라는 말에 영희가 흥미를 보입니다. 이처럼 처음에는 동기부여가 잘 되었지만, 본인이 취약한 과제라서 생각만큼 잘 되지 않자 "이거 잘 못하는 거예요"라고 중얼거립니다.

🙂 **훈련자** : 선생님이 보여준 견본이랑 네가 그린 거랑 두 개가 한눈에는 안 들어오지?

😊 영희 : 네. 하나밖에 안 보여요.

😊 훈련자 : 견본이랑 네가 그리는 걸 잘 비교하면서 베껴봐. 그래, 잘
하네.

(격려하자 몇 번이나 눈을 움직이면서 묵묵히 그린다. 5분 정도
시간이 흐른다.)

😊 영희 : 됐어요! (마지막 도형 모사까지 끝낸다.)

😊 훈련자 : 우와, 수고했네.

영희로서는 상당히 신중히 그렸습니다. "세세한 부분까지 신경 써서
베꼈네"라고 칭찬하자 본인도 만족스러운 표정입니다. 그래서 어려운
과제인데도 불구하고 "또 하고 싶어요"라고 말합니다.

> ### 💡 훈련 TIP 도형 베끼기
>
> 이런 과제는 너무 단조롭고 원래부터 취약한 과제라서 꽤 힘듭니다. 따라서
> 즐거운 과제를 중간에 끼워 넣는 것이 좋습니다. 도형에 좋아하는 캐릭터를
> 넣어 선을 따라 그리게 하는 것도 좋습니다.
> 단조로운 과제라도 아이가 열심히 하는 것은 훈련자를 신뢰하고 있으며 열심
> 히 해서 인정받고 싶은 마음이 있기 때문입니다. 어려운 과제이므로 달성했
> 을 때는 많이 칭찬해주세요.

시각·공간인지 훈련 종이 공예 제작

대상 연령 : 전 연령

- 만들기의 즐거움을 맛보면서 시각·공간인지나 손끝을 치밀하게 단련하는 종이 공작 프로그램입니다.
- 쉬운 것부터 어려운 것까지 다양하게 제작할 수 있는데, 쉬운 것부터 도전하는 것이 포인트입니다.
- 여러 서적에도 나와 있지만, 집에서 쉽게 진행하려면 캐논주식회사가 제공하는 Creative Park라는 사이트(http://cp.c-ij.com/en/index.html)에서 종이 공예(페이퍼 크래프트)의 도안을 다운로드할 수 있습니다. 귀여운 동물이나 탈 것, 건물 등 아이들의 흥미를 끌 만한 것들이 준비되어 있습니다.

시각·공간인지 훈련 도면 그리기

대상 연령 : 초등학교 3학년 이상

- 이 훈련은 가까운 장소 등을 이용해 간단한 도면을 그리는 프로그램입니다.

- 도면 그리기는 현실을 추상화하는 작업입니다. 이 작업을 할 수 있게 되면 눈앞에 없는 것을 상상하여 추리할 수 있습니다.

- 계획하기 능력은 설계도나 도면을 그리는 능력과도 관계가 있습니다. 수학적인 사고는 머릿속에서 그림을 그릴 수 있는지 여부에 따라 결과가 달라지므로, 더 복잡한 과제를 해내려면 정교한 도면을 만들어낼 수 있어야 합니다.

- 도면 그리기 훈련을 할 때 집의 도면(배치도)을 그려보거나 방의 가구 배치도를 그려보는 등 비교적 가까운 것부터 시작해보세요. 집에서 학교까지의 지도를 그리거나 상상하던 유원지, 원하는 마을의 지도를 만들어보는 것도 좋습니다.

'도면 그리기' 사례

초등학교 1학년 영희는 2년 전에 훈련자를 찾아왔을 당시만 해도 소통이 어려운 아이였습니다. 하지만 그림과 만들기를 좋아하여 비언어적 표현을 많이 하였고 말의 표현도 풍부해졌습니다.

훈련자 : 영희야, 오늘은 그림을 그려볼까 하는데 어때?

영희 : 그림 그리기요? 좋아요! 뭘 그려요?

훈련자 : 영희가 바라는 마을의 모습!

영희 : 제가 바라는 마을의 모습이요?

훈련자 : 그래, 영희가 이런 마을이 있으면 좋겠다 싶은 곳, 이런 곳에 살고 싶다고 생각되는 마을을 이 종이에 그리면 돼.

영희 : 재미있겠다. 선생님도 같이 그려요. 나중에 서로 보여주기 어때요?

훈련자 : 우와, 그거 좋겠다. 그럼 선생님도 살고 싶은 마을을 그려 볼게!

영희 : 네! (그리고는 실제로 색연필을 사용해 그림을 그리기 시작한다.)

영희 : 음, 여기에 학교를 만들까? 여기는 라면가게가 있으면 좋겠다. 이곳은 공원! (신나게 말하며 막힘없이 그려나간다.)

영희 : 선생님은 잘 되고 있어요? 선생님은 어떻게 그렸을까? (훈련자가 그리고 있는 그림에 관심을 보이기도 하며, 약 15분 후에 그림을 완성시킨다.)

영희 : (만족스러운 듯) 됐다! 진짜 재미있게 완성했어요.

(이제 완성한 그림을 서로 보여주면서 설명합니다.)

훈련자 : 좋았어! 그럼 각자 발표해볼까?

영희 : 네. 선생님이 그린 그림 보여 주세요.

훈련자 : 좋아! 선생님은 이런 마을을 그렸어.

영희 : 어? 전부 다 산이네. (웃음)

훈련자 : 선생님은 초등학교 때 시골에 살았거든. 그때 집 바로 근처에 산이 있었어.

영희 : 아, 그래서 그때를 생각하면서 마을을 그렸군요.

훈련자 : 맞아. 시골에서 한가롭게 보내면 좋겠다 싶어서.

영희 : 아~. 그럼 이제 제가 그린 그림 보실래요?

훈련자 : 그럼 봐야지!

영희 : 짠! (그림을 훈련자에게 보여준다.)

훈련자 : 우와, 굉장한데. 뭔가 많이 그렸네.

영희 : 네, 이거 진짜 재미있는 마을이에요.

훈련자 : 그래, 궁금한걸. 그럼 어떤 마을인지 설명해줘.

영희 : 네! 이건 '계절이 바뀌는 마을'이에요.

훈련자 : 계절이 바뀌는 마을?

영희 : 네, 궁금하세요?

훈련자 : 응! 궁금해. 얼른 말해보렴.

그러자 영희는 장소에 따라서 계절이 바뀌는 것을 설명해주었습니다. 벚꽃 속에서 입학식을 하는 학교, 물고기가 헤엄치는 시내와 귀신, 식욕이 넘치는 가을을 채워주는 거리의 음식판매대, 아무도 없는 겨울의 공원 등이 그려져 있었습니다. 그림을 설명하는 영희의 얼굴은 정말 활기로 가득 차서 빛났습니다.

🙂 훈련자 : 우와, 그렇구나. 진짜 아이디어가 좋다. 이런 마을이 있으면 정말 재미있겠네!

😀 영희 : 그렇죠? 이런 마을이 있으면 전 진짜 매일 설렐 거예요.

> ## 💡 훈련 TIP 도면 그리기
>
> 아이 자신이 "이런 식으로 하고 싶다", "이런 것을 그려보고 싶다"고 스스로 말하는 것을 존중하면서 즐겁게 진행해보세요. 또 "여기는 어떤 식으로 그린 거야?", "재미있는 걸 생각해냈구나"라고 아이가 표현한 것에 관심을 보이면서 아이와 함께 즐거움과 재미를 공유하세요.

● 영희가 그린 '계절이 바뀌는 마을' ●

글씨 쓰기
실전 훈련

• • •　학습에서 종종 어려움을 느끼는 글씨 쓰기도 눈과 손을 협응하는 과제입니다. 글씨 쓰기에 서투른 아이는 글자의 획을 하나하나 매끄럽게 쓰지 못합니다. 뿐만 아니라, 글자의 배치나 방향이 틀리고 전체의 균형이 잘 맞지 않는 경우도 자주 있습니다.

억지로 연습시키려고 해도 스스로 잘 못한다는 생각에 사로잡혀 있어서 매우 고통스러운 작업이 되어버립니다. 자신감을 되찾고 시각적인 기억의 취약성을 보완하기 위한 아이디어가 필요한데요. 이때 훈련을 통해 자신감과 흥미를 불러일으키면 좋습니다.

대상 연령 : 전 연령

'점토 공책 쓰다듬기' 방법

① 먼저 점토판 위에 점포를 평평하게 펼쳐 '점토 공책'을 준비한다.

② 훈련자가 이 '점토 공책'에 견본이 될 글자를 손으로 쓴다. 얕게 패이도록 쓰면 더 좋다.

③ 아이가 패인 부분을 손으로 따라서 쓰게 한다. 쓰는 순서를 모를 때는 알려준다. 감촉을 느끼도록 천천히 만지게 하면 더 좋다. 잘 따라 썼을 때는 충분히 칭찬해준다.

④ 다섯 번을 반복한 후에 점토를 평평한 상태로 되돌리고 아이 스스로 글자를 쓰게 한다. 형태를 떠올리지 못하면 다시 한 번 훈련자가 연하게 쓴 다음 패인 부분을 만져보게 한다.

■ 시각·공간인지나 눈과 손의 협응이 약한 아이는 글자를 보고 베껴 쓰는 것을 매우 어렵다고 느낍니다. 억지로 시키면 스트레스를 받아 글자를 쓰는 데 거부감을 갖거나 자신감을 잃어요. 그런 경우에 점토를 사용한 훈련법을 추천합니다.

■ 눈으로 보거나 연필만 움직여서는 형태를 잘 기억하지 못하는 아이도 촉각의 도움을 빌리면 형태를 체감하기 쉬워집니다.

■ 때로는 점토로 입체문자를 만들어보는 것도 좋습니다. 점토로 가

늘고 긴 줄을 만들어서 대략적인 형태를 만든 후 세세한 부분을 정리하면 됩니다. 또 몇 가지 색의 점토를 사용해 다채롭게 만들어보면 더 재미있습니다.

■ 이 훈련은 글자 공부에 얽매이지 말고 놀이로 접근하면서 글자에 대한 거리감을 줄이는 것이 더 중요합니다.

'점토 공책 쓰다듬기' 사례

철호는 초등학교 2학년입니다. 의사소통에 어려움이 있고, 상대방이 농담으로 한 말에 상처를 받아 손이 먼저 나가서 문제가 되거나, 자신의 감정을 잘 표현하지 못하는 등의 어려움이 있었습니다. 의사소통이 개선되면서 문제도 덜 발생하게 되었는데, 요즘에는 글자 쓰기를 힘들어해서 학습에 어려움을 겪고 있습니다.

훈련자 : 오늘은 점토로 글자 공부를 해볼 거야!

철호 : 네? 점토요?

훈련자 : 응, 놀랐니?

철호 : 네, 놀랐어요. 점토로 어떻게 공부를 한다는 거예요?

훈련자 : (점토를 꺼내면서) 이거 지점토거든.

철호 : (표정이 확연히 밝아지며) 어, 진짜네요. 저 점토 정말 좋아해요.

훈련자 : 그렇지? 만들기 좋아하니까. 그래서 철호한테 딱 맞는 공

부방법이 될 거 같아.

철호 : 진짜요? 뭔데요?

훈련자 : 오늘은 점토를 공책 대신으로 쓸 거야.

철호 : 점토가 공책 대신이요?

훈련자 : 그래. 잠깐만! (점토를 꺼내서 얇게 편다.) 여기에 글자를 쓰면 돼.

철호 : 우와, 재미있겠다.

훈련자 : 그렇지? 요즘 학교에서 배운 글자를 이야기해줄래?

철호 : 음, 오늘은 '문'이라는 글자를 배웠어요.

훈련자 : 좋아. 그럼 우선 '문'이라는 글자를 써볼까? 선생님이 점토 공책에 손으로 써볼게.

철호 : 네! (흥미로운 표정으로 훈련자가 글자를 쓰는 모습을 지켜본다.)

훈련자 : (글자를 다 쓴 후) 다 썼어!

철호 : 진짜네! 어, 움푹 들어가서 모양이 생겼어요.

훈련자 : 맞아. 살짝 패였지? 이 위를 네 손으로 살짝 만져볼래? 만지면서 글자의 모양을 외워보자.

철호 : 아, 그런 거군요. (재미있다는 듯이 손으로 글자를 만진다.)

훈련자 : 그래, 잘했어! 그럼 지금부터 이 점토를 다시 원래 상태로 되돌릴 거야.

철호 : 글자를 지운다는 거네요?

훈련자 : 맞아. (면봉으로 점토를 원래의 상태로 되돌린 후) 이번

에는 철호가 방금 쓴 글자를 떠올리면서 직접 '문'이라는 글자를 써볼래?

철호 : 네! (척척 써내려간다) 됐어요.

훈련자 : 우와, 잘하는데! 정말 예쁘게 잘 썼어!

철호 : 이거 재미있어요.

훈련자 : 그럼 조금 비슷한 글자로 '물'이라는 글자를 써볼까?

철호 : (훈련자가 쓴 것을 보고는) 아주 살짝 다르네요. 써볼게요! (이후로도 철호는 점토 위에 글자를 쓰는 데 상당히 재미를 느꼈다.)

철호 : (의욕적으로) 다음에는 '몸'이라는 글자를 써볼래요! 선생님, 다음에는 문제를 몇 개 더 내주세요.

그리고 글자 학습을 끝낸 후에는 점토놀이를 하고 수업을 마쳤습니다. 철호는 손바닥이 점토 때문에 하얗게 변했는데도 "진짜 재미있었어요!"라며 만족스러운 표정을 보였습니다.

> ### 💡 훈련 TIP 점토 공책 쓰다듬기
>
> 글자를 쓰는 데 어려움을 느끼는 아이에게 글자 받아쓰기는 어려운 과제입니다. 이미 잘 못한다는 생각이 강해서 '해봐야 안 될 거야'라며 포기하는 아이가 많습니다. 이 점을 고려해서 우선은 바르게 적었는지에 초점을 맞추지 말고, 글자와 접하는 것 자체의 재미를 느끼게 하는 것이 중요합니다.

대상 연령 : 전 연령

- '木+木＝林'처럼 부분을 더해가며 한자를 완성시키는 과제입니다.
- 훈련자는 미리 워크시트 형식으로 문제를 준비해두세요.

'한자 덧셈' 사례

철수는 초등학교 3학년인 개구쟁이입니다. 학습이 부진하고 등교를 거부하여 상담을 하러 왔습니다. 지금은 학교에 다니고 있지만, 공부에 대한 자신감을 회복하는 과제가 남아 있습니다.

철수 : (워크시트를 제시하자) 우와, 이게 뭐예요? 암호 같아요!

훈련자 : 네 말대로 진짜 암호같다. (웃음)

철수 : 그렇죠? (웃음)

훈련자 : 철수야, 오늘은 이 암호를 열심히 풀어보는 거 어때?"

철수 : 아, 어려워 보이는데. 저 한자는 진짜 잘 못해요.

훈련자 : '암호 해독하기'라고 생각하면 살짝 재미있지 않니? 나도 도와줄게!

철수 : 알겠어요.

• '한자 덧셈'의 예 •

(   )월 (   )일 (   )요일

① 田 + 力 = ☐

② 亻 + 木 = ☐

③ 夕 + 口 = ☐

④ 木 + 木 = ☐

실제로 시작하자 철수는 "아, 알겠다!"라며 거의 모든 한자를 쉽게 써내려갔습니다.

훈련자 : 철수야 대단해! 암호 해독 아주 잘 하는데.

철수 : 헤헤. (기분이 좋은 듯이 웃음)

하지만 이후 완성된 한자를 가리키며 "이건 무슨 한자였지?", "뭐라고 읽었더라?"라고 읽는 방법을 묻자 어색한 웃음을 보입니다.

철수 : 아, 뭐였더라. 잘 모르겠어요 …….

훈련자 : 한자 '나무 목(木)'을 두 개를 합하니까 숲이 되었어. 이 한자는 '수풀 림(林)'이라고 읽는단다.

철수 : (고개를 끄덕이며) 아, 맞다.

훈련자 : 나무가 많이 있으면 숲이 되지. 이렇게 의미를 잘 생각해서 기억하면 외우기 쉬울 거야.

철수 : 네.

💡 훈련 TIP 한자 덧셈

원래 글씨 쓰기에 자신이 없는 아이에게 그저 몇 번이고 같은 글자를 되풀이해서 쓰라고 하면, 점점 더 글자 받아쓰기를 지루해하거나 거부감을 느낍니다. "여기는 확실히 길게 써야 해", "좀 더 정성껏 써야지"라고 너무 세세히 주의만 주면 학습에 대한 흥미 역시 더 떨어질 뿐이지요. 흥미와 자신감을 어떻게 높이느냐가 핵심입니다.

글자가 어떻게 만들어지는지, 글자 모양은 어떠한지 등을 그림카드나 점토를 사용해 놀이로 접근하면 심리적 거부감을 줄일 수 있어요.

제6장

기본적인
사회성 훈련

상대방 표정에
제대로 반응하도록
사회성 익히기

◇
◇

6장과 7장에서는 훈련의 고비라고 할 수 있는 사회적 능력에 관한 사회성 훈련을 다루고자 합니다. 사회성 훈련은 매우 심오한 영역이며 연령이 올라갈수록 훈련에서 큰 비중을 차지합니다.

기본적인 사회성 훈련을 착실히 진행한 후, 실천적인 사회성 훈련을 적용하는 것이 좋습니다. 따라서 이번 장에서는 기본적인 사회성 능력을 키우는 활동에 대해 살펴보겠습니다. 먼저 '체크리스트'를 확인하십시오.

아이의 '기본적인 사회성' 확인하기

※ 다음 체크리스트는 아이의 사회성을 알기 위한 것으로, '정상'과 '비정상'을 판정하는 기준이 아닙니다.

·· '기본적인 사회성' 체크리스트 ··

1. 상대방과 자연스럽게 눈을 맞추며 이야기할 수 있다.

① 매우 그렇다.　　　　② 어느 정도 그렇다.

③ 별로 그렇지 않다.　　④ 전혀 그렇지 않다.

2. 표정을 짓거나 몸짓을 섞어가며 이야기할 수 있다.

① 매우 그렇다.　　　　② 어느 정도 그렇다.

③ 별로 그렇지 않다.　　④ 전혀 그렇지 않다.

3. 상대방이 하고 있는 것에 대해 관심이나 흥미를 나타낼 수 있다.

① 매우 그렇다.　　　　② 어느 정도 그렇다.

③ 별로 그렇지 않다.　　④ 전혀 그렇지 않다.

4. 상대방과 기분을 어느 정도 공유하고 함께 행동하는 것을 즐길 수 있다.

① 매우 그렇다.　　　　② 어느 정도 그렇다.

③ 별로 그렇지 않다.　　④ 전혀 그렇지 않다.

5. 자리의 상황이나 상대방의 기분을 배려해 이야기하고 행동할 수 있다.

    ① 매우 그렇다.   ② 어느 정도 그렇다.

    ③ 별로 그렇지 않다.   ④ 전혀 그렇지 않다.

6. 먼저 말을 걸거나 화제를 제공할 수 있다.

    ① 매우 그렇다.   ② 어느 정도 그렇다.

    ③ 별로 그렇지 않다.   ④ 전혀 그렇지 않다.

7. 말 주고받기가 원활하다.

    ① 매우 그렇다.   ② 어느 정도 그렇다.

    ③ 별로 그렇지 않다.   ④ 전혀 그렇지 않다.

일대일 훈련부터
해야 하는 이유

— 훈련은 일대일부터 시작해서 점차 그룹으로

●●●　　발달 훈련이 많이 필요하고 효과를 많이 발휘하는 영역은 사회적인 능력이나 기술 부분입니다. 그래서 사회성 훈련이라고 하면 그룹 훈련을 떠올리는 분들이 많습니다.

　하지만 사회성 발달에 어려움이 있는 아이는 일대일의 관계 구축이 힘든 경우가 많습니다. 그래서 실제로는 여러 아이가 집단으로 진행하는 그룹 훈련에서는 아이에게 필요한 훈련을 못합니다. 그것보다는 일대일 훈련을 제대로 진행할 경우 그룹 활동도 자연스레 가능해집니다.

　그룹 활동을 통해 효과를 보는 것은 훈련이 그리 필요하지 않은 아이입니다. 정말로 어려움이 있는 아이는 집단으로 무엇을 한다는 것만으로도 위축되고 고통스러우며, 자신감을 더 잃게 되어 중요한 훈련을 할 수 없습니다.

　앞서 자전거 타기에 빗대어 이야기했듯이 넘어질지 모른다는 생각에만 신경이 쓰여서 중요한 기술을 배우지 못하는 것과 같습니다. 효과적인 훈련이 되려면 실패에 대한 두려움이나 불안에 불필요한 에너지를 뺏기지 않고 꼭 필요한 발달과제에 주력해야 합니다.

그런 점에서 사회성 발달에 어려움이 있는 아이는 훈련자와 일대일 훈련을 하는 것이 매우 효과적입니다. 그리고 과제 수행이 어느 정도 가능해지면 그룹 과제를 진행하면 됩니다. 그렇게 해야만 거듭되는 실패로 자신감을 잃어가는 악순환을 막을 수 있어요.

사회성이 부족한 아동은 물론 성인이라도 일대일의 단계에서 힘들어하는 경우가 많습니다. 그 단계를 극복하지 못했는데 여럿이 함께하는 그룹에 들어가라고 하는 것은 아직 산수도 못하는 학생에게 방정식이나 함수를 알려주는 꼴이지요. 선행교육보다는 어려워하는 부분을 확실히 단련하는 것이 결국 성장의 지름길입니다. 아이가 자신감을 되찾는 길이기도 하고요.

아이가 남들 앞에서 부끄러워하거나 실수로 인해 웃음거리가 되면 부정적인 영향을 받는다는 건 이미 잘 아실 겁니다. 하지만 현실에서는 그런 상황이 빈번하게 발생합니다. 그러니 가정에서 훈련을 할 때 가장 주의해야 할 점은 아이가 못하는 것을 꾸짖거나 비웃으면 절대로 안 됩니다. 그렇게 대응하면 가정에서 훈련을 하는 의미가 없을 뿐더러 오히려 역효과가 납니다.

사회성의 발달에는 몇 가지 단계가 있는데, 다음에서 그 발달 단계를 알아보겠습니다.

부모와 일대일 관계를 통해 익히는 것

― 주의와 관심을 상대방과 공유하기

• • • 첫 번째 큰 관문은 주의와 관심을 상대방과 공유하는 것입니다. 주의를 공유하기 위한 첫걸음이 바로 상대방과 눈을 맞추거나 상대방이 바라보는 것을 눈으로 쫓으며 함께 보는 일입니다. 눈을 마주치거나 공동 주시(같은 것을 함께 바라봄)가 자연스레 이루어지는지가 발달에서 하나의 기준이 되는 것이지요.

이것이 자연스럽지 않으면 의사소통을 할 때도 상대방의 발언이나 표정, 반응에 제대로 주의를 기울이지 못하므로 정확한 반응을 표현하기가 어렵습니다.

이 부분을 훈련하려면 일대일로 훈련자가 붙어서 아이의 관심이 향하는 곳에 함께 관심을 기울이고, 아이가 알아차리고 느낀 것에 대해 정성껏 이야기해야 합니다. 즉, 어떤 놀이나 과제든 이 점을 염두에 두고 일대일로 마음을 담아 함께 수행하면 주의와 관심을 공유하는 훈련이 됩니다.

　이 단계는 원래 부모와 일대일의 관계를 통해 익히는 것이에요. 이것이 되지 않는 아이는 그룹으로 훈련을 해도 자신의 관심을 공유해주는 체험을 하지 못하고 방치되기 쉽습니다. 반대로 공동 주시가 안 된다고 지적받거나 지도를 받으므로 부정적인 체험을 하게 되지요.

　주의와 관심을 공유해주는 체험을 하면 아이는 편안함을 느끼고 점차 주의와 관심을 공유하는 감각을 익히게 됩니다. 그러면 스스로도 상대방에게 자신이 발견한 것이나 느낌을 이야기하게 되고, 차차 상대방과의 상호작용이 생겨납니다.

　놀이 속에서 자연스레 주의와 관심을 공유할 수 있으면 자연스럽게 함께 놀이를 즐기게 됩니다. 이는 모든 훈련이나 놀이치료의 기본이죠. 앞에서 소개한 것처럼 그림이나 사진을 보여주면서 이야기를 하거나 인형놀이를 함께하는 것도 좋은 훈련이 됩니다.

상대방 행동 따라 하기
실전 훈련

• • •   주의와 관심을 공유하는 첫 번째 관문이 지나면 두 번째 관문으로, 상대방의 행동을 따라 하거나 상대방의 기분을 함께 느끼게 됩니다. 기분이라고는 하지만 이 단계의 기분은 말로 표현할 수 있는 정확한 감정이 아닙니다.

기쁨이나 기대감, 불안과 두려움 등의 감정이 뒤섞인 급격한 감정 변화입니다. 관심을 공유하게 되면서 급격한 감정 변화도 공유하기 쉽습니다. 이때 훈련자나 부모가 기분을 공유해주는 것이 많은 도움이 되지요.

기분을 공유하려면 정서적인 조율을 해야 합니다.

정서적 조율이란 상대방의 급격한 감정 변화에 파장을 맞추는 일입니다. 이때 상대방의 기분을 맞추려면 목소리 톤이나 몸의 움직임, 표정도 맞춰야 합니다.

정서적 조율을 잘하는 사람과 잘 못하는 사람이 있는데, 부모가 후자라면 아이에게 기분을 공유해주는 체험이 부족해지기 쉽습니다. 우수한 훈련자는 정서적 조율 능력이 매우 뛰어나서 아이가 상대방과 기분을 공감하는 기쁨을 맛볼 수 있어요. 그런 체험을 통해 아이 역시 정서적 조율 능력이 자라나게 됩니다.

자폐스펙트럼장애나 그런 경향을 가진 아이는 선천적으로 정서적 조율이 취약합니다. 이것을 개선하기 위한 유일한 방법은 풍부한 정서적 조율을 끊임없이 받는 체험을 하는 것이지요. 하지만 부모도 비슷한 경향을 가진 경우가 많아서 정서적 조율이 쉽지 않습니다. 따라서 발달 훈련을 진행한다면 그 시간만이라도 활발하게 조율을 제공하여 부족한 부분을 채워야 합니다.

실제로 일주일에 1번 정도의 훈련이라도 계속했을 때 많은 사례에서 뚜렷한 효과가 나타났습니다. 양보다도 질이 중요한 것이지요. 이때 부모의 정서적 조율 능력을 높이는 것도 중요합니다. 부모가 상담 등을 받으며 기분을 조율하고 공감하는 체험을 쌓으면 효과적입니다.

처음에는 기분을 조절하기 어려운 부모도 상담이나 훈련을 받다보면 정서적 조율에 꽤 능숙해집니다.

정서적 조율과도 관계가 깊으며 사회적 기술을 획득하는 데 빠질 수 없는 작용이 모방입니다. 모든 것은 모방에서 시작된다는 말이 있듯이, 모델이 되는 사람의 행동을 따라 하면서 다양한 행동과 기술을 익힐 수 있지요.

애당초 공동 주시가 되지 않으면 따라 할 수도 없고 상대방이 하는 일에 무관심해집니다. 공동 주시를 하고 상대방의 행동에 관심을 가지면 모방이 가능해지고 기술도 배우기 시작하는 것입니다.

또한 상대방의 행동이나 몸짓, 표정을 따라함으로써 정서적 조율도 가능해집니다. 우리에게는 거울뉴런이라는 체제가 구비되어 있는데요. 상대방의 움직임을 보고 똑같이 움직이는 신경세포가 활발해지면, 상대방이 움직이는 의도나 배경에 깔린 기분을 읽어낼 수 있는 것이지요.

다음에 소개할 사회성 능력 훈련에서 모방은 매우 중요한 요소라는 걸 기억하세요.

대상 연령 : 전 연령

'표정 따라 하기' 방법

① 프로그램의 개요를 설명한다.

"여기에 거울이 있어. 어때? 준호는 내가 거울에 비친 모습이야. 그러니까 거울을 보고 내가 웃으면 어떻게 될까? 맞아, 준호도 똑같이 웃겠지. 나랑 똑같은 표정을 지으면 돼. 준비됐니?"

② 보이지 않는 거울을 사이에 두었다고 생각하고, 아이와 마주 앉는다.

③ 훈련자가 표정을 계속 다르게 지어 보이거나 눈을 움직인다.

④ 아이가 훈련자의 표정을 따라 하게 한다.

■ '표정 따라 하기' 훈련은 웃음을 유발하면서 친밀감을 형성하기 쉬운 워밍업에 적합한 프로그램입니다.

■ 상대방의 눈이나 표정에 주의를 기울이고 따라 하기에 열중하다 보면, 눈을 보거나 시선을 맞추는 데 서투른 아이도 점차 거부감이 사라집니다.

● '거울아, 거울아' 표정 따라 하기 ●

대상 연령 : 전 연령

'기분 맞추기 퀴즈' 방법

① "이런 표정을 하고 있을 때는 어떤 기분인지 알아 맞춰볼래?"라고 말하면서 표정을 짓는다.

② 엉뚱한 답이 돌아오면 아이에게 표정을 따라 해보게 한 후 "어떤 기분이 들어?"라고 물어본다.

③ 사진에 찍힌 인물의 표정을 보게 한 후 어떤 기분인지 맞출 수도 있다. 판매되는 감정카드 등을 사용해도 되고 스냅사진이나 잡지에서 인물사진만 오려서 사용해도 편리하다.

■ 앞의 '표정 따라 하기'에 이어서 할 수 있는 것이 바로 '기분 맞추기 퀴즈'입니다.

대상 연령 : 전 연령

'배우처럼 해보기' 방법

① 먼저 간단한 대사를 준비한다.

　"배우가 뭔지 아니? 영화나 드라마에서 연기를 하는 사람이야. 어떻게 하면 좋은 배우가 될 것 같아?"

② 여러 의견을 주고받은 후에 "배우는 얼굴보다 목소리가 중요하다고들 해. 역할에 딱 맞는 분위기의 목소리로 말하는 게 중요하거든. 슬픈 이야기를 하면서 기쁜 목소리로 말하거나, 즐거운 장면에서 풀죽은 말투로 이야기하면 뭔가 안 맞잖아?"라고 설명한다.

③ "오늘은 민주도 배우에 도전해보자. 그러려면 우선 목소리를 스스로 조절하는 연습을 해야 할 것 같아. 밝은 목소리, 또 어두운 목소리로 바꿔가면서 이야기할 테니까 잘 들어봐. 가능하면 똑같은 분위기로 따라 해보자."

　　대사 1 : "화났어? 진짜 미안해. 내가 잘못했어."

　　대사 2 : "필통을 잃어버렸는데, 연필 좀 빌려줄래?"

　　대사 3 : "지금 잠깐 시간 괜찮아? 있잖아, 괜찮으면 같이 놀지 않을래?"

■ 훈련자는 가벼운 말투와 무거운 말투, 상당히 가벼운 말투, 그리고 비통한 분위기의 목소리 등 톤을 바꿔가며 시범을 보입니다. 아이가 조금이라도 분위기에 가깝게 따라 하면 "굉장히 잘하고 있어"라고 칭찬해주세요.

■ 대사를 완전히 똑같이 할 필요는 없습니다. 목소리의 분위기에 맞춰 대사를 살짝 바꿔도 됩니다.

■ 스스로 명배우라고 생각하고 조금 과장된 연기를 하며 즐겨보세요.

■ 이 장면에서는 어떤 분위기로 말하면 될지 의견을 나누어도 좋습니다.

'정서적 조율과 모방' 훈련 제스처(몸짓) 게임

대상 연령 : 전 연령

'제스처 게임' 방법

① 전달할 내용을 적은 카드를 10장 정도 준비한다. 카드 내용은 참
  여하는 사람의 수준이나 관심에 맞춘다. 가령 '목욕탕에서 헤엄
  을 치다가 혼나고 있는 수영선수'라는 식으로 재미있는 내용으로
  구성하면 좋다.

② 제스처를 하는 사람은 절대 소리를 내지 말고 몸짓으로만 내용을
  전달하고 다른 사람은 그것을 맞추면 된다.

■ 제스처 게임 훈련은 놀면서 사회적 기술을 자극하는 프로그램입
  니다.

■ 비언어적 의사소통을 활발하게 하거나 표정과 몸짓을 읽어내려
  고 함으로써, 비언어적인 신호에 대한 관심을 높이고 마음을 움
  직여서 행동하게 합니다.

■ 본래는 그룹으로 진행하기에 적합한 프로그램이므로 형제나 친
  구, 가족들이 참여하면 좋습니다.

상대방 입장 배려하기
실전 훈련

•••   '주의와 관심의 공유'라는 첫 번째 관문과 '정서적 조율과 모방'이라는 두 번째 관문을 통과했다면, 다음 세 번째 관문을 통과할 준비가 되었습니다.

세 번째 단계는 상대방의 입장에서 생각하거나 배려하는 능력인 '마음 이론' 능력을 발달시키는 것입니다.

마음 이론이 성장하는 데는 상징놀이(소꿉놀이)의 발달이 중요한 지표가 됩니다. 마음 이론을 발달시키지 못한 아이는 소꿉놀이의 재미를 몰라서 흥미를 보이지 않습니다. 이 단계의 아이에게 인형이나 장난감은 그저 인형이고 장난감일 뿐이지요. 그것을 현실의 인간으로 여기기가 어렵습니다. 소꿉놀이를 하며 만든 요리를 먹는 흉내를 내는 것도 그 의미가 잘 와닿지 않아요.

상징놀이는 그 사람의 입장을 상상하는 것인데, 엄마나 학교 선생님의 입장에서 그 사람처럼 행동해보게 됩니다.

인형놀이나 학교놀이가 재미있어지면 마음 이론이 꽤 성장했다고 보면 되고, 그런 놀이를 통해서 사회적 기술을 익힐 수 있습니다.

마음 이론 훈련 상징놀이(소꿉놀이)

대상 연령 : 유아 ~ 초등학생

- 상징놀이를 통해 상상력이나 표현력, 언어력을 익힐 수 있으며, 상대방에게 맞추는 힘을 키우고 사회성을 키울 수 있습니다.
- 상징놀이 할 때는 가장 먼저 아이의 주체성을 생각해야 합니다. 훈련자는 항상 아이와 같은 시선에서 상황과 분위기를 공유하는 것이 중요합니다.
- 이야기가 잘 나오지 않더라도 "다음에는 이렇게 하자!"라며 곧장 현실세계로 돌아오지 마세요. 대신에 "있잖아, 다음에는 OO 안 할래?"라는 식으로 그 역할에 몰입한 상태에서 다음 상황으로 잘 이끌어주세요.

'상징놀이' 사례

초등학교 2학년인 철호는 자신의 기분이나 생각을 '말'로 직접 표현하는 일은 거의 없어요. 하지만 상징놀이나 그림을 그리는 등의 '놀이'를 통해 표현하고 전달합니다.

철호와 약 1년 반 동안 한 달에 2~3번 정도 훈련을 계속하고 있는데, 매번 빠뜨리지 않고 상징놀이를 해왔습니다. 그 모습을 몇 가지 소개할까 합니다.

학교 상징놀이 18회차

이번 수업에서 철호가 선생님 역할을 하고, 훈련자가 학생 역할을 하기로 했습니다.

철호(선생님 역할)는 훈련자(학생 역할)에게 "글씨를 좀 더 예쁘게 써야지!", "수업 중에는 앞을 똑바로 보고 이야기를 들어야 해!"라고 주의를 주거나 "선생님 말을 안 들으면 복도에 서 있게 할 거야"라며 꾸짖는 일이 많았습니다.

→ 상징놀이가 끝나고, 훈련자가 "오늘 이야기에는 엄한 선생님이 등장했네"라고 말합니다. 철호는 "네, 오늘은 무서운 선생님을 해보고 싶었거든요"라고 답해요. 그래서 "철호의 담임선생님은 어떠신데?"라고 묻자, "화나면 엄청 무서워요. 그리고 이것저것 잔소리도 심하고 ……"라며 불만을 살짝 털어놓았습니다.

학교 상징놀이 43회차

🧒 훈련자 : 오늘도 철호가 선생님이고, 나는 학생이랑 학생 엄마까지 1인 2역을 할게. 우선 선생님이 심술궂고 무섭다고 가정하자. 결국 학생이 무서워서 울어버리는 일이 생겼어. 이 학생이 엄마한테 이야기해서 엄마가 선생님께 따지러 왔다고 가정해보자!

🧒 철호 : 좋아요! 선생님이 무서운 사람인 학교놀이네요.

🧒 훈련자 : 그렇지~. 긴장되고 재미있잖아!

(지금부터 실제로 학교 상징놀이를 시작한다.)

학교 상징놀이 상황

🧒 훈련자(학생 역할) : 선생님, 이 부분을 잘 모르겠는데요 …….

🧒 철호(선생님 역할) : 뭐? 쉬운 건데 모르겠니? (딱딱한 말투)

(학생이 학교에서 선생님께 혼난 것을 엄마에게 전달한다. 엄마가 학교에 찾아가 선생님께 이야기한다.)

🧒 훈련자(엄마 역할) : 저희 아이가 선생님이 혼내서 무섭다고 하네요.

🧒 철호(선생님 역할) : 그건 오해를 한 것 같습니다. 저는 좀 더 열심히 하라고 주의를 준 것뿐입니다.

➜ 상징놀이가 끝나고, 훈련자가 "철호가 맡은 선생님 진짜 무서웠어"라고 말합니다. 철호는 "진짜로요? 그래도 이건 엄마한테는 말하지 마세요. 쑥스러우니까 ……"라며 어색한 듯 웃습니다.

💡 훈련 TIP 상징놀이

철호와 수업을 할 때도 자주 있는 일인데요. 시작 전에 미리 "오늘은 이런 이야기로 해보자"라고 대략적인 줄거리 전개를 생각해두어도, 실제로 놀이를 하는 과정에서 갑자기 등장인물이 늘어나거나 생각하지 못한 방향으로 이야기가 확대됩니다. 그럴 때 훈련자는 억지로 방향을 수정하려고 하지 말고 아이 스스로가 그려낸 세계관을 우선시하며 다가가는 자세를 유지하세요.

또, 상징놀이를 통해 자신의 속마음이나 평소에는 말하지 못하는 기분을 표현하는 경우도 종종 있습니다. 실제로 여기서 소개한 철호도 학교에서 선생님에게 혼났을 때와 똑같은 상황을 놀이 속에서 다루거나, 평소 엄마가 가족을 위해 열심히 일하거나 식사를 준비하는 것에 대한 감사함을 놀이 속에서 간접적으로 표현하기도 합니다.

놀이를 통해 표현된 것을 하나하나 정성껏 읽어주고 공감하면 그 당시 아이 기분과 생각을 이해할 수 있고, 그것이 아이가 시련을 극복하는 데 도움이 됩니다.

마음 이론 훈련 그림 이용해서 이야기 만들기

대상 연령 : 전 연령

'그림 이용해서 이야기 만들기' 방법

① 우선은 그림카드나 사진에 등장하는 사람이나 사물을 보고 상상 해서 이야기를 만들어보게 한다.

② 질문을 던지면서 상상을 확장시킨다.

③ 그 후에 사회적 규칙에 대해 이야기하거나 상대방의 입장에서 기 분을 생각해보게 한다.

■ 앞에 '언어와 말하기 훈련'에서도 소개했는데, 그림이나 사진을 이용해 그 장면에 대해 이야기하도록 하는 훈련입니다.

■ 언어와 말하기 훈련으로 진행하는 경우에는 대화나 이야기를 하 는 데 중점을 둡니다. 하지만 사회성 훈련으로 진행할 때는 장면 을 읽어내고 기분을 상상하는 데 중점을 둡니다. 그러나 두 과제를 모두 가진 아이가 많으므로 두 과제를 함께 훈련하면 좋습니다.

마음 이론 훈련 명탐정 게임

대상 연령 : 전 연령

'명탐정 게임' 방법

① 그림책 등에서 인상적인 사진이나 그림을 한 장 보여준다.

② 무엇을 하는 장면인지, 등장인물은 어떤 사람인지, 어떤 기분일
지, 등장인물이 여럿인 경우에는 어떤 관계인지, 서로 어떻게 생
각하는지, 앞으로 어떻게 될 것으로 보이는지 등을 '추리'하게 한
다.

③ 한 장만 이용할 수도 있지만 반응이 좋고 계속 집중할 것 같으면,
이어지는 장면의 사진이나 삽화를 몇 장 더 순서대로 보여주고
무슨 일이 있었는지를 상상해 이야기해보게 한다.

④ 아이가 이야기를 한 후에 실제로는 어떤 장면이었는지를 알려준
다. 정답에 얽매일 필요는 없으며, 상상했던 것과 실제의 차이에
대해 이야기해보면 좋다.

■ 앞에 나온 '그림 이용해서 이야기 만들기'를 응용한 훈련입니다.

🔎 훈련 TIP 명탐정 게임

정답에 제한을 두지 말고 상상 자체를 즐겨보세요. '우리의 상상이 사실과 다
른 경우가 많으니 딱 단정 짓지 않는 것도 중요하다'는 것을 배울 수 있습니다.

능동적 의사소통
실전 훈련

• • •　　상대방의 기분을 느끼거나 반응하는 수동적인 의사소통과 더불어, 스스로 도움을 청하거나 자신의 기분을 말해 상대방의 도움이나 지원을 이끌어내는 능동적인 활동도 의사소통에서는 반드시 필요합니다.

자폐스펙트럼장애가 있는 아이나 회피형(정서적 교류나 친밀함을 피하는 애착 유형) 아이, 불안과 긴장도가 높은 아이는 스스로 말을 걸거나 도움을 요청하기가 어려워서 자신의 기분을 이야기하는 데는 더욱 서투릅니다. 그래서 불이익을 당하거나 사회적 경험의 기회를 놓쳐버리기 쉽지요. 능동적인 의사소통에 취약하고 소극적이라서 자기 이미지가 부정적으로 형성되기도 합니다. 일찍부터 능동적인 의사소통 훈련을 통해 사회적 기술을 높이고 스스로 긍정하는 힘을 키워주세요.

능동적 의사소통 훈련 친구에게 말 걸기

대상 연령 : 전 연령

- 스스로 친구에게 말을 걸 수 있게 하기 위한 훈련입니다.
- 아이의 고민을 털어내고 의욕을 높이는 동기부여를 해준 후에 대화형식을 통한 코칭과 역할놀이로 훈련을 진행합니다.

'친구에게 말 걸기' 사례

얌전한 영희는 초등학교 3학년입니다. 소리에 민감해서 지금도 청소기 소리를 무서워하지요. 긴장도가 매우 높아 1, 2학년 때만 해도 수업 중에 꼼짝도 하지 않고 얼어 있는 일이 많았다고 합니다. 친구에게 먼저 말을 거는 일은 전혀 없고, 하루 종일 한마디도 하지 않은 채 하교하는 일도 자주 있었습니다.

당연히 친구도 생기기 힘들어서 혼자 있는 일이 많았지요. 저학년일 때는 그래도 함께 섞일 수 있었지만 다른 여자아이들끼리 관계가 활발해지면서 완전히 외톨이가 되었어요. 학년이 바뀌면서 학교에 가기 싫어하는 일도 잦아졌어요. 이 상황을 바꾸기 위해서라도 친구들과 교류하는 사회적 기술이 필요했습니다.

영희는 놀이치료에 금세 익숙해지더니 먼저 여러 가지 이야기를 해주었습니다. 이때의 한 장면을 소개하겠습니다.

🧑 훈련자 : (표정이 밝지 않은 영희에게) 뭔가 고민이라도 있니?

👧 영희 : (조금 주저하더니) 저, 쉬는 시간에 친구한테 '같이 놀자'고 하고 싶은데 말이 안 나와요.

🧑 훈련자 : 그렇구나. 친구하고 놀고 싶은데 말을 못 길겠구나.

👧 영희 : 네.

🧑 훈련자 : 친구들과 사이좋게 같이 놀고 싶구나.

👧 영희 : 네.

🧑 훈련자 : 친구한테 말을 걸어야지 하고 생각하면 어떤 기분이 드니?

👧 영희 : 긴장돼요 …….

🧑 훈련자 : 그렇지. 친구한테 뭐라고 말을 걸까? 친구가 나랑 놀아줄까? 하는 생각이 들어서 긴장되지.

👧 영희 : 네, 그래서 용기가 안 나요. 싫다고 할까봐 …….

🧑 훈련자 : 그렇겠다. 만약에 친구가 같이 못 논다고 하면 슬프지. 자, 오늘은 말을 걸기 위해 용기를 내는 법을 연습해볼까?

👧 영희 : 네.

🧑 훈련자 : 우선은 마음속에서 '파이팅!', '분명히 잘 될거야!' 하고 너 자신에게 말을 걸어봐. 그러면 점점 '좋아, 해보는 거야!' 하고 용기가 생길지도 몰라.

👧 영희 : 네.

🧑 훈련자 : 그리고 용기가 생기면 이번에는 과감하게 친구한테 다가가보자.

👧 영희 : 네. 그 다음엔요?

👩 훈련자 : 그때 어두운 얼굴로 다가가거나 무서운 표정을 하고 있으면 어떨까?

👧 영희 : 싫죠 …….

👩 훈련자 : 그렇겠지? 친구도 '무슨 일이지?' 하고 놀랄 거야. 그러니까 자연스럽게 웃으면서 다가가면 좋겠다.

👧 영희 : 아, 그러네요.

👩 훈련자 : 그리고 상대방 친구한테 들리게 '나도 같이 놀자' 하고 말을 걸어보는 거야.

👧 영희 : 네.

👩 훈련자 : 그거 말고도 예를 들어서 '뭐해?'라거나 '재미있겠다'처럼 계기가 될 만한 말은 많아.

👧 영희 : 진짜 그러네요.

👩 훈련자 : 친구한테 말 걸기 전에 친구가 뭘 하고 있는지 잠시 관찰하면서 어떤 말을 걸어야 할지, 말을 걸기에 적당한 때인지 생각해보면 더 좋겠네.

👧 영희 : 네.

👩 훈련자 : 지금부터 실제로 연습해볼까? 어때?

👧 영희 : 좋아요. 해볼래요!

친구에게 말 걸기 - 역할놀이

훈련자가 친구 역할을 맡아 실제 대화를 연습합니다. 잘 받아주는 상황뿐만 아니라 거절하거나 알아차리지 못하는 경우도 상상하여 몇 가지 상황으로 훈련을 진행해보세요. 최악의 사태가 일어나도 대응 방법만 알고 있으면 불안이 줄어듭니다. 역할놀이에 익숙해질 때까지는 말도 잘 안 나오지만, 익숙해지면 몰라보게 잘 해냅니다.

영희는 말 자체는 제대로 하였지만 긴장과 불안, 거절당하는 것에 대한 공포 등이 의사소통을 방해했기 때문에 역할놀이 훈련은 매우 효과적이었습니다. 학교에서도 이번 달의 자신의 목표를 '친구에게 말 걸기'로 정해 담임선생님을 놀라게 만들었습니다. 담임선생님과 친구들이 따뜻하게 지켜봐주어 실제로 직접 말을 거는 날도 늘어났지요.

영희는 뭔가 고민이나 문제가 있으면 먼저 대처방법에 대해 상의를 해오거나 역할놀이를 하고 싶다고 말합니다. 그렇게 대비하는 것이 안심되고 자신감을 가지는 데 도움이 되었습니다. 영희는 3학년이 끝날 즈음에 친한 친구가 두 명이나 생겨서 학교에 가는 것도 싫어하지 않게 되었거든요.

> ### 💡 훈련 TIP 친구에게 말 걸기
> 우선은 놀이 등을 공유하며 안심할 수 있는 관계를 만드세요. 그 후에 아이가 힘들어하는 일을 끌어내 함께 대처방법을 생각하거나 실제로 역할놀이를 하면서 연습하는 것이 효과적입니다.

능동적 의사소통 훈련 힘든 일 말하기

대상 연령 : 전 연령

- 뭔가 고민이 생겼을 때나 어떻게 하면 좋을지 모를 때, 자신의 기분이나 생각을 정리해서 전달하는 훈련입니다.
- 고민거리를 말만 하는 기술이 아니라 자신의 기분을 명확히 하는 과정도 중시합니다.
- 힘든 일을 상대방에게 말로만 던지지 않고, 자신은 어떻게 하고 싶은지, 어떻게 하면 좋을지 모르겠다는 것을 제대로 설명하는 일이 중요합니다.
- 그러려면 '나는 지금 어떻게 하고 싶은가?'를 분명히 말하고 무엇을 할 수 있는지를 생각해야 합니다.

'힘든 일 말하기' 사례

민희는 중학교 2학년 여학생입니다. 초등학교 때부터 의사소통에 어려움을 느꼈고 친구도 별로 없습니다. 중학교에 입학한 후에도 친구가 생기지 않았고 1학년 때는 학교에 가기 힘든 날도 계속되었습니다.

민희와 약 반 년 동안 한 달에 2번 정도 수업을 진행하고 있습니다. 수업을 시작했을 무렵에는 표정도 거의 없고, 자발적인 대화는 물론이고 상대방의 질문에도 거의 반응이 없었습니다. 그래도 민희가 좋아하는 놀이를 공유하면서 조금씩 말을 주고받기가 가능해졌습니다. 최근에는 자신의 기분이나 생각을 말로 표현하기에 이르렀습니다.

다음은 민희와 훈련을 진행한 예입니다.

훈련자 : 민희야, 평소에 집이나 학교에서 '이거 어떻게 하지?' 하는 곤란한 일 없니?

민희 : 자주 있어요 …….

훈련자 : 자주 있구나.

민희 : 네.

훈련자 : 그럼 그럴 때는 어떻게 하니?

민희 : 집에 있을 때는 언니한테 물어봐요.

훈련자 : 그래. 어려운 일이 있으면 언니한테 물어보면 되네.

민희 : 네. 그런데 학교에서는 안 물어봐요.

훈련자 : 안 물어본다 …….

민희 : 왠지 물어보기 힘들어요. 그래서 우선은 혼자 생각해봐요. 그래도 모를 때는 어떻게 해야 할지 모르겠어요.

훈련자 : 그렇구나. 누군가에게 물어서 해결하고 싶지. 도움도 받고 싶은데 누구한테 어떻게 물어봐야 할지 몰라서 곤란할 때도 있을 거야.

민희 : 네. 딱 그래요.

훈련자 : 그럴 때 너는 어떻게 하고 싶은지, 그렇게 하려면 스스로 할 수 있는 일은 뭔지 두 단계로 나눠서 생각해보면 좋아.

민희 : 아!

훈련자 : 예를 들어, 오늘 가져와야 하는 영어숙제를 집에 깜빡 두고 왔다고 해보자.

민희 : 네.

훈련자 : 그때 영어 선생님한테 '숙제를 가져오는 걸 깜빡했어요' 하고 말하면 선생님도 '그래? 알겠어' 하고 끝날지도 모르지.

민희 : 네.

훈련자 : 여기서 중요한 건 네가 어떻게 하고 싶은지야.

민희 : 네.

훈련자 : 민희라면 이럴 때 어떻게 하고 싶니?

민희 : (잠시 생각한 후) 내일이나 오늘 방과 후에 가져가고 싶어요.

훈련자 : 그렇구나. 그 생각 좋다! 그러려면 어떻게 하면 될까?

민희 : (잠시 고민하는 표정을 짓는다.)

훈련자 : 선생님한테 그 마음을 어떻게든 말하고 싶다. 그렇지?

민희 : 네.

훈련자 : 뭐라고 말하면 좋을까?

민희 : 영어 선생님께 '오늘 방과 후나 내일 가져와도 될까요?' 하고 물어볼래요.

훈련자 : 맞아. 그렇게 네가 어떻게 해야 좋을지를 말하면 선생님한테도 민희의 마음이 잘 전해질 거고, 선생님도 네가 어떻게 하면 될지 함께 생각해주실 거야.

민희 : 네.

"이럴 때 영희라면 어떻게 할 거야?"라고 물으며, 다양한 상황에서 연습을 반복합니다.

아이 나이대의 상황을 생각해 아이가 경험할 법한 상황을 다루면 좋겠지요. 아이에게서 "이럴 때 저라면 이렇게 할 것 같아요", "저라면 이렇게 하고 싶어요!"라고 자신의 생각이 나올 때는 "그 방법도 좋다!"라며 아이의 생각을 인정하고 긍정하는 자세를 기본으로 삼으세요.

그리고 "이렇게 생각해볼 수도 있겠지?", "이럴 때는 이런 방법도 있단다"라고 다른 관점이나 방법을 제시하면 아이의 시야를 넓힐 수 있습니다.

공감적 의사소통
실전 훈련

• • •　　　수동적인 의사소통과 능동적인 의사소통 두 가지가 성숙하면 비로소 상호적인 의사소통이 원활해집니다. 두 가지가 섞인 쌍방향 의사소통이 제대로 이루어지기 위해서는 공감하는 반응이 중요합니다. 말 주고받기가 원활하려면 자신의 입장뿐만 아니라 상대방의 입장에 서서 어느 정도 상황을 봐야 하고, 상대방이 던진 말에 반응해 적합한 대답이나 화제를 생각해낼 수 있어야 합니다. 이것은 매우 고도의 기술이라고 할 수 있습니다.

그럼, 우리는 이 기술을 어떻게 익히는 것일까요?

캐치볼 연습과 비슷합니다. 던지고 다시 받는 동작을 반복하면서, 즉 대화를 계속 이어가는 방법을 통해서 익히지요. 이때 상대방 역시 서툴러서 서로 세게 던지고 공 줍기에 여념이 없다면 연습이 되지 않습니다. 적당한 수준으로 던져주고 조금 벗어난 공이라도 잡아주는 상대방과 연습하는 것이 가장 효율적입니다.

이 훈련은 상대방이 있을 때 비로소 익힐 수 있는 기술입니다. 훈련자는 아이의 수준에 맞게 대화를 정리하고, 아이에게 공감하며 반응함으로써 아이 안에서 기술이 자라도록 합니다. 그런 접근을 꾸준히 하면 단편적인 대화에서 풍부한 상호작용으로 발달이 촉진됩니다.

'마음 이론' 발달은 몇 가지 단계를 가진 긴 여정입니다. 상징놀이가 되고 동화를 주인공의 입장에서 이해하게 되었다고 해서, 실제 상황에서 상대방의 기분을 배려하면서 행동할 수 있는 건 아닙니다. 상황에 따라서는 어른이라도 타인의 기분이나 의도를 정확히 이해하기는 어려운 법이니까요. 사람의 마음은 겉으로는 알 수 없는 블랙박스입니다. 정답은 없지만, 상대방을 이해하고 원하는 것에 맞춰 행동하는 것은 원활한 사회생활에 꼭 필요한 기술이지요.

그런 의미에서 공감적 의사소통 훈련은 사회성 훈련에서 매우 중요한 주제입니다. 누군가와 친구가 되거나 친밀한 관계를 만들기 위해서도, 신뢰관계를 구축하기 위해서도 공감적 의사소통이 반드시 필요합니다. 공감적 의사소통의 기본적인 기술은 상대방과 사이좋게 지내기, 상대방의 이야기 듣기, 상대방의 기분을 생각해 대답하기입니다.

훈련할 때 실제로 최근에 있었던 곤란한 상황 등과 연결시켜 주제를 정하면 좋습니다. "이런 경우에는 어떻게 할까?"라고 상황을 설정해 생각하는 것도 효과적이며, 그것을 실제로 역할놀이로 진행하면 습득이 더 쉽습니다.

대상 연령 : 초등학생 이상

'말 주고받기 연습' 방법

① 먼저 화제를 몇 가지 정해서 그에 맞는 대화를 진행한다.

② 한 사람이 너무 많이 말하지 말고, 한두 마디 한 다음에는 꼭 상대방도 이야기하게 한다.

③ 목표시간을 정해 상대방의 이야기에 몇 번 응하는지에 도전한다.

■ 상대방이 이야기를 할 때 끄덕임이나 맞장구를 치는 기술을 지도하고 시범을 보입니다.

■ 질문에 답할 뿐만 아니라 자신이 받은 질문을 다시 되던지거나 고쳐 말하고, 이야기를 살짝 확장하면서 그 화제에 관해 답하는 연습을 합니다.

■ 말을 주고받는 데 서투르고 이야기를 듣거나 이어가는 방법을 모르면, 일방적으로 이야기하거나 요점에서 벗어난 말을 해서 친구 관계에도 지장이 생깁니다.

■ 쌍방향 의사소통이 원활하려면 상대방의 말을 받고 상대방에게 다시 던지고 또 받는 '대화 캐치볼'이 되어야 합니다. 대화를 마치 캐치볼 연습하듯이 훈련합니다.

■ 대화의 공을 떨어뜨리지 않으면서 번갈아 주고받습니다.

'말 주고받기 대화 연습' 사례

초등학교 5학년인 철수는 자신의 관심사에 대해서 일방적으로 이야기합니다. 그리고 학교에서도 자신이 흥미 없는 이야기는 듣지 않고 잘라버리거나 누가 봐도 관심 없다는 태도를 취합니다.

"지금부터 철수한테 야구이야기를 할 거야. 그런데 선생님은 ○○팀 팬이야(철수가 좋아하는 팀이 아님). 그래도 지겨워하지 말고 선생님한테 맞춰서 질문을 해봐. 우선은 3분 동안만 같이 해보자."

처음에는 "못해요. 너무 길어요", "그렇게 할 이야기가 많지 않은데"라고 했어요. 하지만 훈련자가 철수의 발언에 미소로 고개를 끄덕이거나 긍정적인 신호를 보이며 이야기에 반응하자, 서서히 질문도 하면서 목표시간을 달성했습니다.

"이야, 해냈다!"

철수도 기쁜 듯이 말합니다.

그 후에도 조금씩 목표시간을 늘려가면서 도전을 반복했어요. 그러자 질문을 하기 위해 상대방의 이야기를 경청하기 시작했어요. 훈련자가 좋아하는 취미를 공유하려는 듯이 상대방의 관심사에 다가가려는 자세를 보여 참으로 놀랐습니다.

대상 연령 : 전 연령

- 상대방의 이야기에 흥미와 관심을 보이고 적절한 타이밍에 자신의 생각을 말하거나 궁금한 것을 질문하는 훈련입니다.

- 일반적으로 대화라고 하면 '이야기를 잘 해야 하는데', '뭘 이야기하지?'라며 자기도 모르게 말하기에 주목하기 쉽습니다. 하지만 대화를 잘하려면 말하기뿐만 아니라 듣기도 중요하다는 것을 아이에게 알려주세요.

- 그런 후에 잘 듣기 위해서는 어떻게 하면 되는지, 구체적인 예를 제시하거나 역할놀이를 적용해 연습합니다.

'이야기 듣는 법 익히기' 사례

영희는 초등학교 4학년입니다. 어릴 적부터 낯을 심하게 가렸고 엄마와 떨어지는 것에도 강한 불안을 보였습니다. 초등학교에 들어간 후로도 타인과의 관계에서 쉽게 불안과 긴장을 느껴서 먼저 친구들 틈에 끼지 못했습니다. 영희와 약 3개월 동안 한 달에 2번 정도 훈련을 계속했습니다. 훈련을 시작했을 때는 늘 긴장한 얼굴에 표정도 굳어 있었지만, 최근에는 자신의 경험이나 느낀 점을 이야기하게 되었습니다. 영희의 수업 모습을 소개하겠습니다.

🧑 훈련자 : 나도 그렇지만, 누구나 특히 처음 보는 사람이랑 이야기 할 때는 많이 긴장될 거야. 영희는 어떠니?

👧 영희 : 긴장돼요.

🧑 훈련자 : 그렇지. 예를 들면 학교에서는 어때? 선생님이나 친구들과 이야기할 때 말이야.

👧 영희 : 상냥한 선생님한테는 말이 나와요. 그런데 반 친구들하고 이야기하는 건 늘 긴장돼요.

🧑 훈련자 : 그렇구나. 지금 영희가 상냥한 선생님한테는 말이 나온 다고 했는데, 그런 느낌이 중요하긴 해. 그 밖에는 어떤 사람이면 말이 쉽게 나올 것 같아?

👧 영희 : 음 ……. (잠시 생각하지만 말이 좀처럼 나오지 않는다.)

🧑 훈련자 : 예를 들면, 영희가 이야기를 할 때 방글방글 밝은 표정으로 이야기를 들어주는 사람이랑, 바닥만 보고 화난 표정이나 뚱한 얼굴로 듣는 사람이랑은 어때? (실제로 얼굴 표정을 지어보이며 설명한다.)

👧 영희 : 방글방글 웃어주는 사람이 이야기가 잘 나와요.

🧑 훈련자 : 그렇지. 화난 얼굴을 한 사람하고 이야기하는 건 무섭고 불안하지.

👧 영희 : 네.

🧑 훈련자 : 그리고 또 예를 들면 네가 이야기할 때 '응, 그렇지. 아, 그래?'라고 고개를 끄덕이면서 들어주는 사람이랑, 반응이 별로 없이 가만히 듣는 사람은 어때?

😊영희 : 고개를 끄덕이면서 듣는 사람이 더 좋아요.

😊훈련자 : 그렇지. 반응이 없으면 '내 이야기가 재미없나', '이 사람이 관심이 없나' 싶지. 지금 몇 가지 예로 든 것처럼 '이야기를 즐겁게 잘 할 수 있는 비결'이 있단다.

😊영희 : 아~!

😊훈련자 : 이야기를 한다고 하면 아무래도 말하는 것만 중요하게 생각하는데, 실은 친구들의 이야기를 얼마나 관심 있게 들을 수 있는지도 상당히 중요하거든.

😊영희 : 그래요?

이야기 듣는 법 익히기 - 역할놀이

'듣기'의 중요성을 이해했다면 실제로 어떤 주제에 따라 역할놀이를 하면서 습득하도록 합니다. 역할놀이에서는 우선 훈련자가 화자가 되고 영희가 청자가 되는데, 중간에 역할을 바꿉니다.

😊영희 : 저, 어제 외출했어요.

😊훈련자 : 그래? 뭐 하러 나갔었는데?

😊영희 : 텔레비전에서 맛집 특집을 했거든요. 거기 나온 식당에 가 봤어요.

😊훈련자 : 우와, 좋았겠다. 어떤 가게야?

😊영희 : 이탈리아 요리를 파는 가게인데, 스파게티가 진짜 맛있었어요.

😊훈련자 : 우와, 나도 먹고 싶다.

상대방의 말을 따라 하거나 상대방의 발언에 감탄하고 질문하는 기술을 익히면, 자신이 무언가를 말하지 않으면 대화에 끼지 못한다는 생각이 옅어지면서 대화에 자신감이 생깁니다.

● 이야기 듣는 법 익히기 ●

> ### 💡 훈련 TIP 이야기 듣는 법 익히기
>
> 자신이 화자일 때 상대방이 어떤 식으로 들어주면 좋고 더 이야기하기 편한지를 생각하면, 아이도 '듣기'의 중요성을 실감할 수 있습니다. 게다가 훈련자가 '좋은 예'와 '좋지 않은 예'를 구체적으로 제시하면 어떤 듣기 자세가 더 좋은지 잘 이해하고 실천하기 쉽습니다.

관습적 의사소통
실전 훈련

• • •   발달과제에 어려움이 있는 아이는 사회의 관습이나 규칙 등을 자연스럽게 익히기 힘들고, 악의가 없이도 주위의 빈축을 사거나 상대방을 불쾌하게 만들기도 합니다. 그 결과 아이 자신은 아무 잘못도 하지 않았다고 생각하는데 상대방이 차가운 태도를 보이거나 상처를 주기도 하지요.

일찍부터 사회의 상식과 규칙을 알려주면 이런 사태를 예방할 수 있습니다. 사실은 아이들 스스로도 그런 규칙을 몰라서 곤란해 하는 일이 많으므로 잘 알려주면 납득하고 적정한 행동을 하게 됩니다.

훈련의 포인트는 너무 강요하지 않으면서 함께 생각하는 입장을 취하는 것입니다. 스스로 답을 찾도록 돕는 역할이 이상적입니다.

연령이 낮은 아이도 익힐 수 있도록 SST(Social Skills Training, 사회기술 훈련) 놀이를 권합니다.

대상 연령 : 유아 ~ 초등학교 저학년

'SST 낚시 게임' 방법

① 클립을 끼운 물고기 그림카드를 바닥에 놓는다. 그림카드 뒤에는 점수와 질문이 있다.

② 질문은 사회적인 상식과 친구관계의 규칙, 해야만 하는 일, 해서는 안 되는 일에 관한 것을 준비한다. 아이의 현실적인 과제에 맞는 내용을 담으면 된다.

③ 낚싯대(나무젓가락에 실을 매달고 자석을 매단 것)로 물고기 그림카드를 낚는다. 카드 뒤에 있는 질문에 답을 하면 표시된 점수와 물고기를 획득한다. 손으로 직접 카드를 집는 것보다 시각·공간적인 훈련과 조합하면 더 재미있습니다.

● SST 낚시 게임 ●

대상 연령 : 유아 ~ 초등학교 저학년

'SST 고리 던지기' 방법

① 물건에 점수를 매기고 그 뒤에 대인관계에서 발생하는 장면의 질문을 적는다.

② 질문은 사회적인 상식과 친구관계의 규칙, 해야만 하는 일, 해서는 안 되는 일에 관한 것을 준비한다. 아이의 현실적인 과제에 맞는 내용을 담으면 된다.

③ 고리를 던져서 물건에 깔끔하게 걸리면 질문에 답할 권리를 얻는다.

④ 답을 하면 물건에 표시된 점수를 딴다.

관습적 의사소통 훈련 SST 주사위

대상 연령 : 초등학생 ~ 중학생

'SST 주사위' 방법

① 가위바위보로 순서를 정한다.

② 주사위를 굴려 나온 수만큼 전진한다.

③ 거기에 적힌 질문을 다함께 생각하고 의견을 나눈다.

- 이 훈련은 시판되는 사회성 기술 훈련용 보드게임을 활용해서 집에서도 쉽게 진행할 수 있습니다. 그 중에서 추천하는 것이 바로 'SST 주사위'입니다.

- 보상이나 득점이 있으면 의욕이 생깁니다. 규칙을 확인하고 순서를 지키는 연습도 되지요. 자기주장을 어려워하는 아이라면 다소 엉뚱한 대답을 해도 말한 것 자체를 긍정적으로 평가해주세요.

- 서로 다른 의견을 이야기해도 다양한 관점에서 사건을 보는 연습이 됩니다.

'SST 주사위' 사례

초등학교 4학년인 철호는 처음에 많이 불안해했는데요. 자신의 의견 말하기를 주저하고, 누가 물어도 "아무것도 아니에요"라고 대답했습니다. 어쩔 수 없이 훈련자가 대답하면 "그래, 그거예요"라고 늘 똑같은 말을 반복했어요. 또한, 틀리는 것을 두려워해 훈련자가 원하는 대로 하는 것이 대부분이었습니다.

그래서 SST 주사위도 오픈형 질문이 아니라, 훈련자가 세 가지의 선택지를 준비하였습니다. 그러자 그중에서 자신의 의견을 말하게 되고 점차 편하게 즐기게 되었습니다.

이를 계기로 조금씩 자신의 생각을 이야기하게 되었고, 결국은 자발적으로 자기 주장도 하게 되었습니다.

관습적 의사소통 훈련 상황에 맞는 말 걸기

대상 연령 : 초등학교 저학년

- 외출할 때나 집에 돌아왔을 때 등 다양한 상황을 설정해 어떻게 말을 걸면 될지 생각해보는 저학년용 훈련입니다.
- '어떤 상황에서 어떤 식으로 말을 걸면 되는가?'를 생각하려면 구체적인 상황을 그려봐야 합니다.
- 예를 들어, 학교생활의 한 장면을 이야기할 때도 "여기는 학교야"라는 일반화된 표현이 아니라 "여기는 학교의 교무실이야. 교무실 안에는 많은 선생님이 일도 하고 다른 친구들과 상담을 하고 있어. 민수도 학교에서 그런 모습 본 적 있니?"라고 가급적 구체적으로 상황을 전달합니다.

'상황에 맞는 말 걸기' 사례

철수는 초등학교 1학년입니다. 처음에는 가만히 있지 못하고 수업 중에도 이리저리 돌아다니기 바빴습니다. 반년 정도 훈련을 하며 이야기에 꽤 집중할 수 있게 되었는데, 아직 상황을 잘 파악하지 못합니다.

훈련자 : 철수는 아침에 학교 갈 때 뭐라고 말하니?

철수 : 다녀오겠습니다!

🙂 훈련자 : 그래 그렇지. '다녀오겠습니다!'라고 말하지. 철수는 누구한테 다녀오겠다고 말하는 거야?

🙂 철수 : 엄마나 할머니요.

🙂 훈련자 : 그래, 집을 나서기 전에 인사를 잘 하고 있구나!

🙂 철수 : 네. 잘 하고 있어요!

🙂 훈련자 : 그럼 집에 돌아왔을 때는?

🙂 철수 : 다녀왔습니다!

🙂 훈련자 : 그렇지! 그럼 철수가 '다녀왔습니다!'라고 말하면 집에 있던 사람들이 뭐라고 대답하니?

🙂 철수 : '어서 와라' 하고 말해요.

🙂 훈련자 : 그렇구나! '어서 와라' 하고 이야기해주면 기분 좋지. 철수는 엄마가 퇴근하고 오시면 '어서 오세요' 하고 말해드리니?

🙂 철수 : 음 …… 아마 그런 것 같아요.

🙂 훈련자 : 엄마도 집에 오셨을 때 철수가 '어서 오세요' 하고 인사하면 기뻐하실 거야.

🙂 철수 : 네.

🙂 훈련자 : 그럼 집에 누가 왔을 때는? 예를 들어 친구가 집에 놀러오면 뭐라고 말해?

🙂 철수 : 어서와!

🙂 훈련자 : 와, 잘하는데. '어서와!' 하고 맞이하는구나. 그럼 친구가 돌아갈 때는 뭐라고 해?

🙂 철수 : 잘 가, 또 놀러와.

🧑 훈련자 : 또 놀러오라고 하는 거 진짜 좋다. 그렇게 말하면 친구도 기뻐하겠네. 그럼 학교에서 교무실에 들어갈 때는 어떨까?

👦 철수 : 교무실이요?

🧑 훈련자 : 선생님들이 계신 방말이야. 수업 준비도 하고 회의도 하는 방 있지? 철수는 교무실에 가본 적이 없니?

👦 철수 : 아, 거기요. 거기 들어갈 때는 …… (잠시 생각) 알았다! '잠깐 들어가겠습니다'라고 해요.

🧑 훈련자 : 그래, 다른 사람의 집에 갈 때는 그렇게 말하고 들어가지. 그런데 학교 교무실에 들어갈 때는 '실례하겠습니다'라고 하는 편이 좋을 거 같아.

👦 철수 : 아, 그렇구나.

🧑 훈련자 : 그럼 교무실에서 나올 때는 뭐라고 하고 나올까?

👦 철수 : 실례했습니다.

🧑 훈련자 : 그래! 맞았어.

💡 훈련 TIP 상황에 맞는 말 걸기

처음에는 '보통 이런 상황에서는 이렇게 말을 걸어'라고 정해진 문장을 제시하고 실제로 사용할 수 있도록 연습하면 됩니다. 그러다가 대화에 익숙해지면, 예를 들어 아침에 일어났을 때 "좋은 아침!"이라는 인사에 더해 "오늘은 날씨가 좋네"라고 말하는 식으로 살을 붙이는 연습을 합니다. 이렇게 하면 더 확장된 대화 기술을 익힐 수 있습니다.

대상 연령 : 전 연령

'이럴 땐 어떻게 할까?' 방법

① 우선은 아이가 경험한 일을 되돌아보게 한다.

② 지금까지 자신은 그런 상황에서 어떻게 대응해왔는지, 잘 풀리지 않은 체험을 했다면 어째서 잘 풀리지 않았는지를 곰곰이 생각하며 시작하는 것이 좋다.

③ 훈련자가 "그럴 때는 이런 방법이 있어", "이런 부분에 신경을 쓰면 되겠다"라고 구체적으로 대처법을 제안한다.

■ 조금 대응하기 어려운 상황을 설정하고 어떻게 극복할지 생각하는 훈련입니다.

■ 자신이 뭔가 실수를 해서 상대방이 화를 내는 상황은 집이나 학교생활에서 자주 발생합니다. 그럴 때 어떻게 대처하면 될지, 상대방과의 관계를 어떻게 회복하면 좋을지 방법을 알아봅니다.

■ 문제를 잘 대처하고 암묵적인 사회적 규칙을 배울 수 있습니다.

'이럴 땐 어떻게 할까?' 사례

🧑 **훈련자** : 철호(초등학교 2학년)야, 집이나 학교에서 '엇 위험해. 혼날 것 같아' 싶은 일 없니?

🧒 **철호** : 음, 생각해볼게요.

🧑 **훈련자** : 예를 들면, 집에서 계속 게임에 집중하다가 숙제를 다 못해서 엄마에게 혼이 났다거나.

🧒 **철호** : 아, 그런 거요? 그런 거라면 …… (생각이 난 듯이) 있어요! 동생이랑 싸울 때 엄마나 누나한테 혼났어요.

🧑 **훈련자** : 그렇구나. 동생이랑 싸울 때 엄마나 누나한테 혼나는구나. 그렇게 혼날 때나 혼날 것 같을 때 철호는 어떻게 하니?

🧒 **철호** : '미안하다'고 사과해요.

🧑 **훈련자** : 아, 그렇지. 자기가 잘못했다고 생각하면 우선은 사과해야지.

🧒 **철호** : 네.

🧑 **훈련자** : 그런데 사실 사과방법에는 여러 가지 중요한 점이 있어. 오늘은 그걸 배워볼까 해.

장면 설정하기

영미는 친구와 3시에 공원에서 만나기로 약속했습니다. 그런데 엄마와 쇼핑을 갔다가 친구와의 약속을 깜빡했습니다. 친구는 화를 내며 공원에서 기다리고 있을지도 모릅니다.

🙂 훈련자 : 철호야, 만약 철호가 이런 상황이라면 어떻게 할래?

🙂 철호 : 음 ……. (잠시 생각에 잠긴다.)

🙂 훈련자 : 알겠다! 그 친구한테 가서 '미안해, 엄마하고 쇼핑을 갔
거든. 내일은 꼭 3시까지 공원에 갈게'라고 해요.

🙂 훈련자 : 그렇구나. 친구한테 가서 먼저 사과를 하고 내일 약속을
하는구나.

🙂 철호 : 그렇죠.

🙂 훈련자 : 친구랑 또 놀고 싶어서 그렇게 말했구나. 그런데 내일은
꼭 3시까지 공원에 간다고 말해버리면, 철호의 마음을 일방적으
로 친구한테 전달하는 게 되지 않을까?

🙂 철호 : 네? (이상하다는 표정을 짓는다.)

🙂 훈련자 : 철호는 내일 3시에 놀 수 있어도 친구는 내일 3시에 다른
일이 있을지도 모르잖아.

🙂 철호 : 아, 학원에 갈 수도 있겠네요.

🙂 훈련자 : 그래. 그리고 이번에 약속을 잊어버린 건 철호잖아?

🙂 철호 : 네.

🙂 훈련자 : 약속을 잊은 사람이 친구의 기분도 묻지 않고 다음에는
이렇게 하자고 일방적으로 정해도 되는 걸까? 친구도 '오늘 약속
을 잊은 건 철호면서 정말로 미안해하는 것 맞아?'라고 생각할지
도 모르겠다.

🙂 철호 : 그렇군요.

🙂 훈련자 : 그러니까 예를 들면 '오늘은 약속을 잊어서 미안해' 하고

먼저 진심으로 사과를 해. 그런 다음에 네가 어떻게 하고 싶은지를 전달하는 것이 좋겠어.

철호 : 네, 알겠어요!

⚲ 훈련 TIP 이럴 땐 어떻게 할까?

장면 설정하기를 통해 깨달은 점, 배운 점을 실제로 역할놀이를 하며 습득시킵니다.

대상 연령 : 전 연령

■ 일상생활의 여러 상황에는 '암묵적인 양해'로 통하는 일들이 많습니다. 그런데 상대방의 입장에서 생각하거나 상대방을 배려하는 힘이 약하면 이런 '암묵적인 양해'도 쉽게 습득하지 못합니다.

■ 여기서는 '암묵적인 양해'에 대해 알아보고 일상생활에 활용하기 위한 훈련을 소개합니다.

'해도 되는 말과 안 되는 말' 사례

장면 설정하기

진영이는 심부름을 가다가 길에서 주희와 주희 엄마를 만났습니다.

이때 진영이가 주희 엄마를 보고 "주희 엄마는 뚱뚱하시네요"라고 말했습니다.

😊 **훈련자** : 영희(초등학교 2학년)야, 주희나 주희 엄마가 이 말을 들었을 때 기분이 어떨까?

😊 **영희** : 음, 모르겠어요. 딱히 아무 생각도 안 할 것 같은데요?

😊 **훈련자** : 왜 아무 생각도 안 할까?

😊 **영희** : 저라면 아무렇지 않을 것 같아요.

훈련자 : 사람들이 만날 때 '해도 되는 말'과 '하면 안 되는 말'이 있
거든.

영희 : 그래요?

훈련자 : 예를 들어서 해도 되는 말은 뭐가 있을까?

영희 : 즐거운 일이나 기쁜 일?

훈련자 : 맞아! 자기도 상대방도 서로 즐겁거나 기분 좋은 이야기
는 많이 해도 되지.

영희 : 네! 놀이공원에 다녀온 일 같은 거요.

훈련자 : 맞아. 즐거운 사건에 대해 이야기하는 거지. 그리고 예를
들어 '그 옷 예쁘다. 잘 어울려!'라거나 '아까 국어시간에 발표 잘
하더라' 하고 말이야.

영희 : 네.

훈련자 : 그럼 반대로 말하면 안 되는 건 어떤 걸까?

영희 : 바보 멍청이!

훈련자 : 그렇지. 영희도 같은 반 남자아이가 바보 멍청이라고 해
서 기분이 나빴다고 저번에 말했지?

영희 : 네. 진짜 기분 나빴어요!

훈련자 : 그래, 들은 사람이 슬프거나 짜증이 나고 기분이 나쁜 말
은 하지 않는 게 좋아.

영희 : 네.

훈련자 : 그럼 그런 말은 또 어떤 것이 있을까?

영희 : 모르겠어요.

😊 훈련자 : 가령 지금 이야기한 것처럼 '뚱뚱하다'도 그중 하나지.

😄 영희 : 아, 그래요?

😊 훈련자 : 그럼. 살이 쪘다거나 키가 작다는 것처럼 체형에 대한 이야기는 신경을 쓰는 사람이 많거든.

😄 영희 : 그렇구나.

😊 훈련자 : 그러니까 만약 '이 사람이 살이 쪘구나' 혹은 '작구나' 싶어도 그걸 그대로 당사자나 그 가족에게 말하지 않는 게 좋아.

😄 영희 : 그러네요.

😊 훈련자 : 그 외에도 '달리기가 느리다'거나 '그 옷 안 어울려', '머리 모양 이상하다'는 것 등 많이 있어.

😄 영희 : 말하면 안 되는 것이 진짜 많네요.

😊 훈련자 : 그래. 그 말을 마음에 담아두거나 상처받는 사람도 많이 있으니 주의해야 돼.

😄 영희 : 네. 알겠어요!

해도 되는 말과 안 되는 말 - 역할놀이 응용연습

더 수준 높은 훈련은 같은 사실을 이야기할 때 상대방이 상처받지 않는 표현을 쓰도록 연습하는 것입니다. 사회적 감각을 갈고 닦는 데 도움이 되지요.

앞의 예를 들어 이야기하자면 뚱뚱하다는 사실에 대해 언급히지 않는 것도 하나의 방법이지만, 좀 더 배려한 표현은 없는지 함께 생각해 봅니다.

친구의 수학시험 성적이 자기보다 나쁘다는 것을 알았을 때 어떻게 말하면 상대방이 상처받지 않을지, 철봉에 거꾸로 매달리지 못하는 친구에게 어떤 말을 해주면 좋을지 생각해볼 수 있습니다.

> ### ⑨ 훈련 TIP 해도 되는 말과 안 되는 말
>
> '암묵적인 양해'를 전달할 때는 그저 '○○는 말하면 안 돼'라고 알려주지 말고 되도록 구체적인 상황과 이유를 설명하는 것이 중요합니다. 규칙이 생겨난 배경이나 의미를 잘 전달하면 아이도 더 잘 이해하고 실제 생활에도 적용하기 쉽습니다.

대상 연령 : 전 연령

'목소리 크기 조절하기' 방법

① '목소리 크기 5단계'를 벽에 걸어놓는다.

② 훈련자가 '목소리 크기 5단계'에 맞춰 실제로 시범을 보인다.

③ 아이에게 "이번엔 들린 소리와 같은 크기로 말해볼래?"라며, 직접 들은 목소리 크기로 말하게 한다.

■ 상대방의 기분에 맞춰 자리에 어울리는 대화를 하려면 목소리의 크기나 톤을 맞추는 것이 중요합니다. 또 좁은 장소에서 이야기하는지, 일대일로 이야기하는지, 집단으로 이야기하는지 등의 상황에 따라 목소리 크기를 조절해야 합니다.

■ 발달과제에 어려움이 있는 아이는 상황에 관계없이 큰 소리를 내거나 상대방의 목소리 크기 등을 맞추지 못해 상대가 보기에는 거부감을 주는 일도 자주 일어납니다.

■ 이때 필요한 것이 '목소리 크기 5단계'를 활용한 '목소리 크기 조절하기' 훈련입니다.

'목소리 크기 조절하기' 사례

처음에는 3단계부터 5단계까지 각각의 소리 크기를 훈련자가 시범을 보입니다. 그런 다음에 아이에게 같은 크기로 소리를 내게 합니다.

목소리 크기 5단계

0단계 : 소리를 내지 않는다. (수업 중일 때)

1단계 : 아주 작은 소리 (아기 앞에서 소리를 낼 때)

2단계 : 작은 소리 (속삭이며 이야기할 때)

3단계 : 보통의 소리 (친구와 이야기할 때)

4단계 : 조금 큰 소리 (여러 사람 앞에서 발표할 때)

5단계 : 아주 큰 소리 (누군가에게 도움을 요청할 때)

🙂 훈련자 : 만약 친구의 귀에 대고 '와!' 하고 큰 소리를 내면 친구가 어떻게 될까?

👧 영희 : 몰라요.

🙂 훈련자 : 자, 반대의 입장이라면 어떨까? 네 귀 옆에서 친구가 '와!' 하고 큰 소리를 내면 어때?

👧 영희 : 시끄럽고 싫어요. 귀가 이상해질 것 같아요.

🙂 훈련자 : 그래, 맞아. 그러니까 영희도 친구들 귀에 대고 너무 큰 소리를 내지 않는 게 좋겠지?

👧 영희 : 네.

목소리 크기 조절하기 - 역할놀이

몇몇 장면을 설정하고 목소리 크기를 의식하며 역할놀이를 즐기세요. 목소리 크기만 조정해도 말의 표현이나 분위기가 풍부해지는 것을 느낄 수 있습니다.

> 💡 **훈련 TIP 목소리 크기 조절하기**
>
> 모델을 제시할 때는 차이를 확실히 느끼도록 조금 과장해서 보여주는 편이 좋습니다. 그러다가 아이가 목소리 조정에 익숙해지면 "지금부터 속닥속닥 이야기해보자"라며 어떤 장면을 설정하고 실천하는 연습을 해보세요.

제7장

실천적인
사회성 훈련

원활한
의사소통을 위한
사회성 익히기

◇◇

이번 장에서는 6장에 이어 실천적인 사회성을 단련하는 훈련을 알아보겠습니다. 기본적인 사회성 훈련을 착실히 진행한 후에 실천적인 사회성 훈련을 하는 것이 효과적이라는 걸 기억하세요.
먼저 실천적인 사회성 능력을 알아보기 위해 '체크리스트'를 확인하십시오.

아이의 '실천적인 사회성' 확인하기

※ 다음 체크리스트는 아이의 사회성을 알기 위한 것으로, '정상'과 '비정상'을 판정하는 기준이 아닙니다.

··'실천적인 사회성' 체크리스트 ··

1. 상대방에게 무엇을 권하거나 상의하고 부탁할 수 있다.

① 매우 그렇다.   ② 어느 정도 그렇다.

③ 별로 그렇지 않다.   ④ 전혀 그렇지 않다.

2. 어려운 사람을 돕거나 배려를 표현할 수 있다.

① 매우 그렇다.   ② 어느 정도 그렇다.

③ 별로 그렇지 않다.   ④ 전혀 그렇지 않다.

3. 기분을 살피거나 말 이외의 의미를 알아차릴 수 있다.

① 매우 그렇다.   ② 어느 정도 그렇다.

③ 별로 그렇지 않다.   ④ 전혀 그렇지 않다.

4. 농담이나 재미있는 말을 하며 웃길 수 있다.

① 매우 그렇다.   ② 어느 정도 그렇다.

③ 별로 그렇지 않다.   ④ 전혀 그렇지 않다.

5. 상대방이 상처받지 않도록 배려하며 자신의 입장을 주장할 수 있다.

① 매우 그렇다.   ② 어느 정도 그렇다.

③ 별로 그렇지 않다.   ④ 전혀 그렇지 않다.

실천적 의사소통
실전 훈련

• • • 실제 사회생활에서는 더욱 실천적인 사회적 기술이 요구됩니다. 그런 사회적 기술이 요구되는 대표적인 상황으로는 자기소개를 하고, 상대방에게 권유하고, 말을 걸어 잡담을 하고, 상담을 하거나 부탁을 하고, 친구가 되고, 협상이나 절충을 하고, 설득하며, 관계가 악화된 사람과 관계를 회복하고, 리더십을 발휘하는 것 등이 있지요.

높은 사회적 기술에는 주위와 협조하면서 자신의 요구나 기분을 표현하고 주장하는 능력이 필요합니다. 이 협조와 자기주장의 균형이 바로 원활한 의사소통의 조건인 셈이지요.

이런 균형은 사회불안이나 상대방에 대한 긴장이 강한 경우, 혹은 남에게 자신을 돋보이고 싶어 하거나 인정욕구가 너무 강할 때도 깨지기 쉽습니다. 아이의 과제가 무엇인지 파악한 후에 상황을 설정해 실천적 의사소통 훈련을 진행합니다.

대상 연령 : **전 연령**

- 상황을 설정하고 진행하는 실천적 사회성 훈련입니다.
- 놀이나 등하교 등 친구에게 뭔가를 권할 때 어떻게 말을 걸지, 또 적절한 타이밍 등에 대해 연습합니다.
- '권유하는 측'과 '권유를 받는 측' 각각의 입장에서 진행하여 어떻게 말을 걸면 서로 기분 좋게 납득하게 되는지 생각해봅니다.

'능숙하게 권유하기' 사례

영희는 초등학교 2학년입니다. 유치원 때부터 사람들의 이야기를 듣지 않거나 조용한 장소에서 큰 소리를 내는 등 자리에 맞지 않는 행동이 두드러졌습니다. 초등학교에 들어간 후에도 수업 중에 갑자기 큰 소리로 말하거나 생각한 것을 너무 직접적으로 이야기해 친구와 충돌이 자주 있었습니다.

영희는 약 1년 반 동안 한 달에 3~4번 정도 훈련을 지속하고 있습니다. 처음에는 상대방 입장에서 전혀 생각하지 못했는데요. 훈련자가 "그런 말을 들은 상대방은 어떤 기분일까?"라고 물어도 "몰라요!"라는 대답만 돌아왔습니다. 하지만 훈련을 계속하면서 복잡한 상황이나 미묘한 말의 어감도 조금씩 읽어내게 되었습니다.

장면 설정하기

방과 후 민영이는 주희에게 다음과 같이 말했습니다.

"오늘 같이 집에 가자! 나 오늘 원래는 도민이랑 같이 갈 생각이었는데, 도민이가 없으니까 어쩔 수 없이 너랑 같이 가줄게!"

훈련자 : 지금 학교 수업이 끝나고 집에 가려고 하네. 그런데 민영이가 원래는 도민이랑 집에 가려고 생각했었대.

영희 : 네.

훈련자 : 그런데 도민이가 먼저 갔나봐 …….

영희 : 아, 그래서 민영이가 주희한테 같이 가자고 권한 거네요.

훈련자 : 맞아.

영희 : 그러면 같이 가면 되잖아요.

훈련자 : 그런데 말이야. 이 이야기에서는 한 가지 생각해야 할 게 있어.

영희 : 뭔데요?

훈련자 : 민영이가 주희한테 '원래는 도민이랑 같이 가고 싶었는데 도민이가 없으니 주희랑 같이 가줄게'라는 식으로 말했거든.

영희 : 네.

훈련자 : 이렇게 말하는 방식이 어떤 것 같아?

영희 : 음, 딱히 문제없는 것 같은데요?

훈련자 : 만약 영희라면 어떨까? 원래 같이 가고 싶은 친구가 없어서 영희랑 같이 가준다고 했다면 기분이 어때?

😀영희 : 아, 역시 뭔가 기분이 별로예요.

😊훈련자 : 그렇지? 맞아 뭔가 기분이 나쁘지?

😀영희 : 네.

😊훈련자 : 어째서일까? 왜 기분이 나쁘지?

😀영희 : 그건 모르겠어요!

😊훈련자 : 지금의 표현대로라면 어쩔 수 없으니 마지못해 같이 가 준다는 느낌이 들지 않니?

😀영희 : 그러네요. 듣고 보니 그래요. 그럴 거면 혼자 가면 될 걸 말이에요.

😊훈련자 : 맞아. 정말 '그렇게 말할 거면 혼자 가지 그래'라는 생각이 들 거야.

😀영희 : 맞아요. 저라면 만약 정미(영희의 친구)가 없으면 혼자 갈 거예요.

😊훈련자 : 그래? 그렇구나.

능숙하게 권유하기 – 코칭

실제로 배운 것을 역할놀이를 통해 실천하고 습득시킵니다. 익숙해지면 조금 다른 장면을 추가해 즉흥적으로 응용해도 됩니다.

🧑 훈련자 : 친구에게 권유를 하는 상황이 여러 장면에서 있을 것 같은데 말이야.

👧 영희 : 크리스마스 파티 같은 거요?

🧑 훈련자 : 그래! 영희도 얼마 전에 친구들과 크리스마스 파티를 했지? 또 예를 들면, 학교에서 쉬는 시간이나 방과 후에 놀 때도 있지.

👧 영희 : 네.

🧑 훈련자 : 그럴 때 권유를 받는 사람이 '권해줘서 좋았다', '권해줘서 다행이다'라며 기분 좋게 응하도록 권하는 게 아주 중요해.

👧 영희 : 그러네요. 민영이처럼 말하면 안 가고 싶을 테니까요.

🧑 훈련자 : 그렇지. 같이 가자고 권한 건데도 전혀 기쁘지 않잖아. 민영이는 주희한테 어떻게 말하면 좋았을까?

👧 영희 : 도민이에 대해서는 말하지 않아도 되지 않을까요?

🧑 훈련자 : 그래! 영희가 제대로 아는구나. 도민이 이야기는 굳이 할 필요가 없지.

👧 영희 : 네. 그냥 '집에 같이 가자'고 하면 되는 걸요.

🧑 훈련자 : 맞아. 그렇게 말했으면 주희도 '그래 좋아!'라고 했겠지.

💡 훈련 TIP 능숙하게 권유하기

친구에게 같이 놀자고 하거나 함께 집에 가자고 권하는 장면은 일상생활 속에서 자주 등장합니다.

하지만 그것이 일방적인 이야기가 되거나, 표현을 잘못하면 상대방이 곤란해하고 불쾌하게 느낄 수도 있어요. 어휘 선정과 권유하는 타이밍에 대해 하나씩 구체적으로 정성껏 알려주세요.

실천적 의사소통 훈련 요령껏 반대의견 말하기

대상 연령 : 전 연령

- 상황을 설정해 의사소통 기술을 배우는 훈련입니다.
- 친구의 의견에 대해 상처주지 않고 반대의견을 내는 어려운 과제인데, 자주 겪는 문제이기도 합니다. 실제로 그런 문제로 고민스러워 할 때 진행하면 아이의 관심도 커지고 효과적이겠지요.
- 친구의 의견에 반대의견을 말하기란 용기가 필요한 일입니다. '이런 말을 하면 친구가 싫어하지 않을까?', '상대방이 화를 내는 건 아닐까?' 하고 불안해져 좀처럼 반대의견을 말하지 못하는 아이도 많습니다.
- 우선은 그런 불안과 걱정을 받아들이고 이해해주는 자세가 중요합니다. 그런 다음에 표현만 고민하면 상대방에게 상처를 주거나 화나게 만들지 않고도, 자신의 생각이나 기분을 전달할 수 있다는 걸 알려주면 됩니다.

'요령껏 반대의견 말하기' 사례

철호는 초등학교 3학년입니다. 어릴 때부터 친구들 틈에 끼지 못하고 혼자 노는 일이 많았다고 합니다. 초등학교에 들어간 후에도 친구를 만드는 데 소극적이고 자신의 기분이나 생각을 주장하는 데도 불안해하며, 먼저 말을 하는 일이 거의 없었습니다.

철호와 약 1년 반 동안 한 달에 1~2번 정도 훈련을 했습니다. 처음에는 자신의 기분을 전달하지 못해, 학교에서도 싫은 일을 싫다고 말하지 못하고 참으며 상대방의 의견에 맞추기만 했습니다. 그런 자기 자신이 불만스럽고 짜증나는 일도 많아져 자기부정적인 면도 보였습니다. 자기주장을 원만하게 해내면 자신감도 생길 것이라고 판단해서 진행한 훈련의 예입니다.

장면 설정하기

학급회의에서 학예회에 선보일 내용에 대해 정합니다. 영민이가 "한 명씩 장기자랑을 하자!"라고 제안합니다. 다른 친구들도 "재미있겠다!", "좋아!"라고 찬성합니다. 하지만 수현이는 쑥스러워서 다른 것을 하고 싶은 마음입니다.

🧑‍🦱 훈련자 : 철호야, 이 장면에 대해 어떻게 생각하니?

🧑 철호 : 너무 이해돼요. 이런 일이 자주 있거든요.

🧑‍🦱 훈련자 : 철호도 똑같은 상황이 있었어?

🧑 철호 : 있었던 거 같아요. 잘 기억은 안 나지만요.

훈련자 : 그렇구나. 잘 기억은 안 나는구나. 그럼 예를 들어 철호라면 이 상황에서 어떻게 할까?

철호 : 저도 장기자랑 같은 거 안 하고 싶어요. 마술 같은 게 더 재미있잖아요.

훈련자 : 와, 그러네! 마술이라, 재미있겠다.

철호 : 네. 그래도 말은 안 할래요.

훈련자 : 말을 안 해?

철호 : 다들 장기자랑 하는 거에 찬성했잖아요.

훈련자 : 그렇구나.

철호 : 그러면 모두에게 맞추는 게 낫잖아요. 괜히 다투게 될지도 모르고, 그러면 성가시거든요.

훈련자 : 그렇구나. 다투게 될까봐 싫구나.

철호 : 네.

훈련자 : 다투게 될까봐 싫은 건 지극히 자연스러운 일이야. 그런데 말이지, 예를 들어 어떤 때든 자신의 기분을 참거나 다른 사람에게만 맞추면 어떻게 될까? 철호는 재미없지 않을까?

철호 : 뭐 그렇긴 하죠.

훈련자 : 그렇지? 다른 친구들의 생각에 반대의견을 가지고 있을 때 표현에 주의만 한다면 상대방이 기분 나쁘지 않게 이야기할 수 있어.

철호 : 그래요?

훈련자 : 우선은 친구가 낸 의견의 좋은 점을 이야기해볼까?

🙂 철호 : 장기자랑은 재미있고 괜찮겠다, 뭐 이런 거요?

😊 훈련자 : 그래 잘했어! 그런 식으로 우선은 친구의 의견을 인정해 주는 거야.

🙂 철호 : 네.

😊 훈련자 : 그런 다음에 친구가 낸 의견의 안 좋은 점을 이야기해볼래?

🙂 철호 : 아, 모르겠어요.

😊 훈련자 : 조금 어렵지? 뭐라고 말해야 할지 모르겠지?

🙂 철호 : 네.

😊 훈련자 : 예를 들어, '혼자서 발표하는 데 서투른 사람도 있을 거야' 라거나 '나도 혼자서 발표하는 건 좀 쑥스러워' 하고 …….

🙂 철호 : 아, 그렇네요.

😊 훈련자 : 그래, 그러면서 마지막에 네 의견을 말하면 돼.

🙂 철호 : 그러니까 마술을 하면 좋겠다고요?

😊 훈련자 : 그래! 이렇게 이야기하는 순서를 잘 생각해서 차분히 말하면 다들 철호의 의견을 제대로 들어줄 거야. 그러면 다툴 일도 없고 다들 원만하게 이야기가 진행되지 않을까?

🙂 철호 : 그럴 것 같아요!

요령껏 반대의견 말하기 - 역할놀이와 응용연습

어떤 주제(여기서는 학예회에서 할 것을 정하는 장면)에 대해 이렇게 하나의 흐름을 확인할 수 있게 된 다음에는 배운 것을 바탕으로 다른 장면을 가정하고 역할놀이를 진행합니다. 배운 지식을 실제로 사용해보면 습득이 되고 자신감도 생기지요.

이전에는 "철호는 어떻게 생각하니?", "철호라면 어떨까?"라고 의견을 구하거나 기분을 물어도, 곤란한 표정을 짓거나 "몰라요", "그래요?"라고만 말했습니다. 하지만 요즘은 자기 나름대로 깊이 생각하거나 자신의 의견을 말하는 일도 조금씩 늘어나고 있습니다.

물론 여전히 대립이나 갈등을 피하고 싶은 마음이 강해서 실생활에서는 포기하거나 양보하는 등 아무래도 소극적인 태도를 취하는 경향이 보입니다.

앞으로는 철호가 자신의 의견과 타인의 의견 사이에서 원만하게 절충하는 것을 목표로 삼고 있습니다.

> ### 💡 훈련 TIP 요령껏 반대의견 말하기
>
> 어떤 식으로 말하면 상대방에게 상처를 주지 않고 자신의 의견을 말할 수 있을까? 구체적인 예를 들어 생각해봅시다. 아이가 '이렇게 말하면 될까?', '정말로 상대방이 상처받지 않을까?' 하고 불안을 느낀다면 "민호는 누군가 그렇게 말하면 어떤 기분이 들까?"라고 자신을 대입해 생각해보게 하는 것도 효과적입니다.

대상 연령 : 전 연령

- 자신의 의견이 친구와 다를 때 요구되는 '협상의 기술'을 익히기 위한 훈련입니다.
- 실제로 있었던 일을 이야기하게 하고 대처방법에 대해 대화하는 형식으로 진행합니다.
- 마지막에 역할놀이를 통해 새로운 기술을 익힙니다.
- 자신의 의견과 상대방의 의견이 다를 때 아이들은 자신의 주장을 강요하거나, 반대로 자신의 생각과 기분을 표현하지 못하고 참으며 상대방의 주장을 받아들이기만 하는 경향이 있습니다.
- 상대방과 자신의 의견이 다를 때는 서로의 의견을 존중하며 받아들인 후, 서로가 납득할 수 있는 방법과 수단을 생각하는 것이 중요하다고 알려주세요.

'의견이 다를 때 조율하기' 사례

초등학교 4학년인 영희는 1년 정도 전에 학교에 가려고만 하면 배가 아프다고 해서 상담을 하러 왔습니다. 이제는 그런 문제는 없어졌습니다. 현재의 과제는 친구와의 관계에서 겪는 어려움입니다. 상대방의 기분을 알아차리거나 맞추는 데 서투르기 때문이지요.

어느 날, 영희는 "집에서 친구랑 놀다가 '뭐하면서 놀지'를 이야기했는데요. 말하던 중에 제가 친구에게 화를 내버렸어요. 그리고 친구는 그냥 집에 가버렸어요"라며 이야기를 시작했습니다.

그렇게 시작된 영희와의 대화 내용입니다.

훈련자 : 그때 영희는 뭘 하고 놀고 싶었는데?

영희 : 저는 인형 가지고 놀고 싶었어요.

훈련자 : 그렇구나. 영희는 인형놀이를 하고 싶었구나. 그럼 친구는 뭘 하고 싶어 했니?

영희 : 그림 그리기요.

훈련자 : 그래. 친구는 그림이 그리고 싶었구나. 서로 놀고 싶은 게 달랐네. 그래서 영희는 어떻게 하려고 했어?

영희 : 저는 인형놀이를 하고 싶으니까 '인형 갖고 놀 거야!' 하고 인형을 준비했어요. 그러니까 친구가 '그림 그리고 싶다고!'라며 인형놀이 준비를 전혀 안 하는 거예요.

훈련자 : 그랬구나. 그리고 친구가 그냥 집에 가버렸구나.

영희 : 네. 저희 엄마가 미안하다고 말하고 친구를 돌려보냈어요.

훈련자 : 그래? 그때 너는 어떤 기분이었어?

영희 : 저는 그저 인형놀이를 하고 싶었던 건데.

훈련자 : 그랬지. 그런데 친구는 그림을 그리고 싶어 했잖아.

영희 : 네.

훈련자 : 자기가 하고 싶은 거랑 친구가 하고 싶은 게 다를 때 어떻

게 하면 좋을까? 이번 일을 되돌아보았는데, 지금이라면 어떻게 할 것 같니?

🐶영희 : 인형놀이 속에서 그림 그리기를 하면 될 것 같아요.

👩훈련자 : 오, 정말 좋은 방법이네.

🐶영희 : 선생님도 맨날 그렇게 하잖아요.

👩훈련자 : 그렇지. 학교놀이를 할 때도 그렇고. 쉬는 시간에 그림을 그리면서 놀게 하니까.

🐶영희 : 맞아요. 그렇게!

👩훈련자 : 너는 친구랑도 그렇게 놀면 좋겠다 싶구나.

🐶영희 : 네.

👩훈련자 : 그걸 친구가 알고 있을까?

🐶영희 : 글쎄요. (어색한 듯 웃음)

👩훈련자 : 친구는 그림 그리기만 하고 싶었을지도 모르고.

🐶영희 : 아마 그랬을 거예요.

👩훈련자 : 그럼 어떻게 할까? 어렵다, 그렇지?

🐶영희 : 음 …….

👩훈련자 : 그럴 때는 예를 들어 번갈아 가면서 노는 방법이 있지 않을까?

🐶영희 : 아, 그렇구나! 먼저 인형놀이를 한 다음에 그림을 그리면 되겠네요!

👩훈련자 : 맞았어. 그러면 서로 하고 싶은 걸 다 할 수 있지!

🐶영희 : 네!

● 의견이 다를 때 조율하기 ●

💡 훈련 TIP 의견이 다를 때 조율하기

뭔가 문제나 갈등이 생겼을 때 아이들은 "나는 OO이 하고 싶었어"라고 자신의 관점에서만 바라보기 쉽습니다. 그럴 때 "너는 OO라고 생각했구나. 그런데 그때 친구는 어떻게 생각했을까?"라고 상대방의 관점에 서서 생각할 계기를 부여해주세요.

아이가 상대방의 입장에 서서 생각하기 어려울 때는 "엄마라면 이렇게 생각했을 것 같아", "예를 들면 이렇게도 생각할 수 있지 않을까?"라고 구체적인 예를 들어주면 좋습니다.

대상 연령 : 전 연령

'친구와 갈등 해결하기' 방법

① 실제로 아이는 그 상황에 상처 입어서 스스로 문제를 말하지 못하는 경우도 많다. 먼저 본인이 힘들어하는 상황을 편하게 이야기할 수 있는 관계를 구축하는 것이 중요하다.

② 그러려면 좋은 일뿐만 아니라, 잘 안 풀린 일이나 괴로운 일도 털어놓을 수 있는 '안전기지'로서의 존재가 되어야 한다. 감정적으로 대하거나 누군가를 원망하고 과도하게 걱정하는 반응은 좋지 않다. 문제해결 방법이나 결론을 일방적으로 강요하는 것도 '이야기하지 말걸 그랬어'라는 마음이 들게 만든다.

③ 우선은 공감을 해주면서 아이의 기분을 받아주고 사태를 냉정히 파악하는 것부터 시작한다. 그런 다음에 어떤 일이 일어났는지 상황을 파악한다.

④ 그리고 아이 본인이 잘못했다고 과도하게 자책하거나 오해하고 있는 점에 대해서는 "실제로는 ~일지도 몰라", "상대방은 ~한 기분이었는지도 모르지"라고 수정할 수 있게 돕는다. 그런 후에 본인은 어떻게 하고 싶은지 경청하면서 "~하는 방법도 있어"라고 문제해결을 위한 제안을 한다. 그리고 최종적으로는 본인에게 결정하게 한다.

⑤ 훈련자가 진행하는 경우에는 부모 측의 이해와 지원도 중요하므로 아이와의 대화에 대해서 공유한다. 이때 아이가 부모에게 알리기를 원하지 않는 경우도 있는데, 그럴 때는 부모님도 아는 것이 좋으니 설명하자고 아이의 양해를 구한 후에 알린다.

■ 대인관계에서 갈등은 늘 있기 마련입니다. 연령이 낮을 때는 과잉행동이나 충동성으로 인한 문제가 많아요. 하지만 초등학교 3, 4학년 무렵부터 같은 반 내에도 무리가 생기면서 친구와의 대인관계가 더 어려워집니다. 사소한 일로 대립하거나 고립되는 상황도 생기기 쉽지요.
■ 그런 실제 문제에 대처하는 방법을 생각하면서 사회적 기술을 높이는 훈련입니다. 그러니 실제로 문제가 생겼을 때 활용해보세요.

'친구와 갈등 해결하기' 사례

초등학교 4학년인 영희는 원래 소통을 힘들어하고 남들 앞에서는 많이 긴장하는 아이입니다. 저학년 때는 친구도 거의 없고 쉬는 시간에도 혼자 있는 경우가 많았어요. 하지만, 초등학교 2학년 중반부터 훈련을 시작하고 나서는 발표도 하고 친구에게 먼저 말도 걸게 되었습니다. 초등학교 3학년 때부터는 학교 친구와 놀기도 합니다.

그런데 친구들과 친해지면서 예기치 못한 문제에 휩싸이게 되었어요. 친구의 말을 그대로 받아들이고 맞장구치면서 다른 친구의 험담을 했는데요. 어느새 영희가 친구에 대해 나쁘게 말하고 다닌다는 소문이 났습니다. 기껏 즐거워진 학교생활이 요즘은 또 힘들어졌지요. 영희가 이 일을 눈물을 흘리며 털어놓은 후의 대화를 소개합니다.

> 🧑 훈련자 : 그랬구나. 그럼 영희도 원래 그 친구를 나쁘게 생각한 게 아니라 다른 친구의 장단을 맞춰준 거구나.
>
> 👧 영희 : 주희가 민지에 대해서 진짜 나쁘게 말하니까 그 정도로 싫어하는구나 싶어서, 저도 싫다고 한 것뿐인데 …….
>
> 🧑 훈련자 : 그런데 네가 민지에 대해 험담을 했다고 소문이 났구나.
>
> 👧 영희 : 주희는 민지한테만 놀자고 하고 가버렸어요.
>
> 🧑 훈련자 : 그랬구나. 참 가슴 아팠겠다.

그리고 전후 사정을 더 물어보자, 주희의 태도 변화는 아무래도 이유가 있었음을 알 수 있었습니다. 수업 중에 영희는 주희에게서 다음에 같이 놀자는 이야기를 들었는데 영희가 바로 답을 못하고 가만히 있었던 것입니다. 그때부터 주희의 태도가 바뀌고 영희를 따돌리며 민지하고만 놀기 시작했다고 합니다.

> 🧑 훈련자 : 어쩌면 주희는 자기가 말을 걸었을 때 영희가 아무 대답도 안 해서 무시당했다고 생각하고 화가 났나 보다.
>
> 👧 영희 : (아차 싶은 표정으로) 그래도 수업 시간이어서 …….

훈련자 : 그래 맞아. 대답하기 곤란했을 거야. 그래도 주희는 그걸 모르고 그저 자신이 무시당했다고만 생각했을지도 몰라. 나중에 '아까는 수업 중이라 대답을 못했어. 미안해' 하고 말했으면 오해 없이 지나갔을 것 같은데.

영희도 주희의 태도 변화에 대해 납득한 듯합니다. 하지만 중요한 것은 앞으로의 대응입니다. "어떻게 하고 싶니?"라고 묻자 "다시 사이좋게 놀고 싶어요"라고 대답합니다. 훈련자가 "그럼 이제부터 작전회의를 해서 그렇게 될 방법을 생각해보자"라고 말하자, 영희도 조금은 기운을 되찾았습니다.

그 후 많은 이야기를 나눈 끝에 우선은 주희의 오해를 풀고 영희의 마음을 전달해보자는 결론이 났습니다. 직접 잘 설명할 자신이 없다고 해서 편지를 써서 전해보기로 했어요. 상황을 엄마에게 전달하고, 담임선생님께도 연락해서 상황을 지켜봐달라고 했습니다.

편지를 전달한 다음 날, 주희가 보내온 답장에는 자신도 나빴다는 사과와 함께 '다시 같이 놀자'고 적혀 있었습니다. 그 후 민지에게도 사과했다고 합니다.

사춘기에 접어들 무렵부터 아이는 자신이 거부당하는 데 예민해집니다. 상대에게 마음이 잘 전달되지 않으면 거부하며 자존심을 지키려고 하지요. 그런 반응에 흔들려 서로 상처를 주고받는 일도 많아지죠. 이때 아이의 마음을 제대로 읽고 대응방법을 배우면 마음의 성장을 이뤄낼 수 있습니다.

대상 연령 : 전 연령

'다수 의견 정리하기' 방법

① 친구들과 함께할 놀이를 정해보자. 우선 각자 하고 싶은 것에 대해 의견을 이야기한다.

② 정해진 시간 내에 다 같이 함께 놀 수 있는 것을 생각한다.

③ 각각 하고 싶은 놀이의 이유와 장점을 설명하고, 상대방이 납득할 조건을 내건다.

④ 모두가 인정하는 결정방법을 상의한다.

■ 대립에서 통합으로 가는 과정을 경험하면 공감능력을 키우고 협상방법을 배우는 데 도움이 됩니다. 따라서 가끔 자주적으로 운영하게 해보는 것도 좋습니다.

■ 그룹으로 진행하는 수업에서는 실제로 대인관계의 갈등과 대립이 발생합니다. 그룹 수업에서는 이런 상황을 실제로 훈련해볼 수 있어서 좋습니다.

■ 집에서 진행하는 경우에는 형제나 가족들에게 참여하도록 하면 되겠지요.

'다수 의견 정리하기' 사례

그룹 수업의 마지막에 '즐거운 자유시간'을 진행합니다. 이 시간은 참가자가 희망하는 일을 할 수 있어서 아이들에게는 즐거운 자유시간이지만 의견 대립이 생기기 쉬운데요. 어떻게 다수 의견을 정리하는지 한번 살펴봅시다.

훈련자 : 마지막 10분은 즐거운 자유시간이야. 지금부터 상의해서 놀이를 정해보자. 다 같이 할 수 있는 놀이로 말이야.

영희 : 아싸! 나는 보드게임 하고 싶어.

철수 : 나는 술래잡기 할래.

훈련자 : 어떻게 할까?

미나 : 가위바위보 어때요?

훈련자 : 그것도 좋은데 혹시 다른 방법도 있을까? 수현이는 어떻게 생각해?

수현 : 반반씩 놀면 어떨까요?

훈련자 : 좋은 방법이네. 또 다른 의견?

영희 : 제비뽑기요.

훈련자 : 그래. 결정방법에 대해서는 다양한 아이디어가 나왔네. 다들 좋은 의견이구나. 그럼 먼저 왜 그 놀이가 좋은지 이야기해 보자. 어쩌면 다른 사람도 하고 싶을지 모르잖아.

미나 : 보드게임은 다 같이 해본 적도 있고, 모두 참여할 수 있는 게임이에요.

(각각 이유를 말합니다.)

🧑‍🦰 훈련자 : 모두 재미있을 것 같다. 누군가는 마음이 움직였을지도 모르겠네. 이번에는 그걸 안 하고 싶은 이유가 있으면 이야기해 볼래?

👦 철수 : 새 보드게임은 규칙을 못 외우겠어요.

👧 미나 : 그건 문제없어. 내가 알려줄게.

(서로가 납득하고 이번에는 영희가 하고 싶다고 한 것을 진행한다.)

👦 철수 : 다음에는 내가 말한 술래잡기를 하면 좋겠어.

👧 미나 : 그러자. 다음 자유시간에는 그렇게 하자.

👧 영희 : 나도 좋아.

아이들은 커 가면서 자신의 의견뿐만 아니라 다른 사람들의 의견을 듣게 되는 상황이 많아집니다. 이때 다수의 의견을 하나로 통합하는 일은 공감능력을 키우고 협상방법을 익혀야 가능합니다.

그룹 수업을 통해 다수의 의견을 통합하는 경험을 하다보면, 갈등과 대립을 하는 상황에서 현명한 통합에 이르는 방법을 스스로 익히게 될 것입니다.

제8장

계획능력과
통합능력 훈련

전략적 의사결정에
꼭 필요한
사고력 키우기

◇
◇

이번 장에서는 어려운 과제일수록 필요한 계획능력과 통합능력을 단련하는 방법에 대해 알아보겠습니다. 계획능력과 통합능력은 의사결정과 관계가 있는데 어릴 때부터 길러주는 것이 중요합니다.

아이가 어느 부분에서 힘들어하는지 알기 위해 가장 먼저 '체크리스트'를 확인하십시오.

아이의 '계획능력과 통합능력' 확인하기

※ 다음 체크리스트는 아이의 사회성을 알기 위한 것으로, '정상'과 '비정상'을 판정하는 기준이 아닙니다.

·· '계획능력과 통합능력' 체크리스트 ··

1. 나중 일은 생각하지 않고 순간적으로 행동한다.

① 매우 그렇다.　　　　② 어느 정도 그렇다.

③ 별로 그렇지 않다.　　④ 전혀 그렇지 않다.

2. 계획 세우는 것을 잘 못한다.

① 매우 그렇다.　　　　② 어느 정도 그렇다.

③ 별로 그렇지 않다.　　④ 전혀 그렇지 않다.

3. 전달하고 싶은 것을 요령 있게 전달하지 못한다.
(무슨 말을 하고 싶은지 잘 전달되지 않는다.)

① 매우 그렇다.　　　　② 어느 정도 그렇다.

③ 별로 그렇지 않다.　　④ 전혀 그렇지 않다.

4. 상대방을 설득하거나 협상하는 것을 잘 못한다.

① 매우 그렇다.　　　　② 어느 정도 그렇다.

③ 별로 그렇지 않다.　　④ 전혀 그렇지 않다.

5. 작문을 잘 못한다.

① 매우 그렇다.　　　　② 어느 정도 그렇다.

③ 별로 그렇지 않다.　　④ 전혀 그렇지 않다.

'계획능력과 통합능력'
실전 훈련

●●●　　어떻게 인류는 피라미드처럼 거대한 건축물을 만들고 달에 로켓을 쏘아올릴 수 있었을까요? 그것은 어떤 일을 진행할 때 미래를 계산에 넣는 '계획능력'과 무수히 많은 정보를 집약해 하나의 새로운 가치를 만들어내는 '통합능력'이 있었기 때문입니다.

복잡하고 어려운 문제일수록 계획능력과 통합능력이 요구되지요. 예를 들어, 남들 앞에서 이야기를 잘 하거나 누군가와 어려운 협상을 할 때도 이런 능력이 필요합니다. 이야기를 어떻게 연결시킬지 머릿속에서 짜내야 하거든요.

남들 앞에서 이야기를 할 때는 정보를 순서대로 배치하고 청중의 흥미를 유발하면서, 전달하고자 하는 메시지를 어떻게 이해시킬지 고심해야 합니다.

설득을 할 때도 상대방의 이야기를 듣는 것에서 시작해 신뢰관계를 만든 다음에 이쪽의 사정을 설명할지, 혹은 반대로 상대방의 잘못을 공격하고 양보의 여지가 없음을 보인 후 최종적으로 조금만 양보해 타협할 것인지 전략을 분명히 정해야 합니다. 나중에 되돌리기는 어려우니까요.

이렇듯 순서를 미리 생각하거나 작전을 짜는 것이 계획능력입니다.

계획능력은 목적 달성을 위해 순서와 계획을 정할 때도, 상대방의 반응을 예측하면서 대응방법을 생각할 때도 꼭 필요합니다. 학교 시험 등에서는 주로 목적을 달성하는 능력을 시험하지만, 실제로는 예측하여 대응하는 능력이 더 요구됩니다.

이것은 타고나거나 자라면서 몸에 익힌 부분도 크지만, 경험이나 훈련을 통해 갈고닦는 부분이 더 큽니다. 경험을 쌓으면서 나중에 일어날 일을 예상할 수 있으니까요. 이처럼 상황을 하나의 상징이나 가설에서 이해하고 다음에 어떻게 하면 될지 알아내는 가설사고나, 전략과 작전에 따라 행동을 결정하는 전략적 사고를 익히려면 훈련이 필수적입니다.

이러한 능력을 어린 시절부터 단련하는 손쉬운 방법으로는 트럼프나 장기, 오셀로 게임(게임판 위의 게임말을 뒤집어 영역을 차지함) 등의 놀이가 있습니다.

또한, 집안일을 돕게 하면 실제로 경험하며 계획능력을 향상시킬 수 있습니다. 요리 한 가지를 할 때도 몇 가지를 준비하고 생각해야 하거든요. 물론 일정관리나 학습을 계획적으로 하는 습관도 도움이 됩니다.

이런 계획능력과 관계가 깊은 것이 통합능력입니다.

통합능력은 여러 가지 질이 다른 재료를 구성하고 조립하는 능력입니다. 제각각일 때는 별로 가치가 없는 부품이지만, 완성된 디자인으로 조립되면 부가가치가 높은 제품으로 만들어지는 창조적인 능력이지요.

둘 다 부분에서 전체를 만들어가는 작업을 해야 하고, 새로운 발상과 전략을 적용해 문제해결을 용이하게 하거나 새로운 가치와 방법을 만들어낼 수 있습니다.

계획능력과 통합능력은 고도의 의사결정과도 관계가 있습니다.

복잡한 문제에 결단을 내리려면 다양한 사실을 집약해야 하며, 그 결단으로 인해 어떤 미래가 다가올지를 예측해야 합니다. 즉 계획능력은 미래예측과 관계된 능력이고, 통합능력은 여러 사실을 정리하고 집약하는 데 꼭 필요한 능력입니다.

예를 들면, 조금 복잡한 응용문제를 풀 때도 작문이나 보고서를 작성할 때도 계획능력과 통합능력이 필요합니다. 이런 능력은 어느 정도 성장한 후부터 필요하지만, 다 크고 나서는 키우기 힘들기 때문에 어릴 때부터 길러주는 것이 중요합니다.

'계획능력과 통합능력' 훈련 **피타고라스위치 놀이**

대상 연령 : 4세 이상

- '피타고라스위치'는 일본 NHK 방송에는 아동을 대상으로 한 프로그램입니다. 여기에 '피타고라 장치'라는 자동인형이 등장하는 인기코너가 있습니다.
- 블록으로 길을 만들고 유리구슬의 위치에너지와 운동에너지를 활용하여 유리구슬이 잘 굴러가게 하는 장치를 만드는 놀이입니다.
- 유리구슬이 통과할 길을 시판되는 세트가 아니라 몇 종류의 나무블록과 금속 재료, 레일 등을 조합해서 만들지요. '쿠겔반(구슬이 굴러가는 도로)'이라는 독일산 장난감을 이용하면 장치를 만들기 쉽습니다.

'피타고라스위치 놀이' 방법

① 처음에는 혼자 자유롭게 만드는 것부터 시작한다. 유리구슬이 잘 굴러갈지 기대하면서 즐기면 된다.

② 점차 훈련자와 협력해서 만들거나, 미리 도면이나 그림(완성 예상도)을 그려두고 그것을 바탕으로 만드는 것도 시도한다.

③ 이외에도 나무블록이나 레일로 함께 길을 만들거나 상상 속의 집을 만들어보면 계획능력과 구상력이 자극된다. 더불어 무언가 하나를 제작하는 재미도 느낄 수 있다.

'피타고라스위치 놀이' 사례

현수는 어릴 때부터 말이 늦었고 지금도 말하기에 서투른 초등학교 2학년의 남자아이입니다. 자신이 관심 있는 전철에 대해서만 일방적으로 이야기하여, 친구들과 대화나 놀이가 원만하게 이루어지지 않습니다.

훈련자가 '피타고라스위치' 이야기를 하면서 함께 만들어보겠느냐고 제안하자, 현수도 해보고 싶다며 의욕을 보였습니다. 현수는 그때까지 장난감 기차 레일이나 쿠겔반으로 놀아보기는 했지만 오래 걸리는 장치에 도전한 적은 없었습니다.

곧장 만들기에 들어가지 않고 우선 화이트보드에 대략적인 도면을 그려보았습니다. 현수도 아이디어를 내며 어떤 식으로 만들지 이미지를 그리는 데 한 번의 수업을 사용했습니다. 일단 이미지가 완성되었지만 현수는 만족스럽지 않았는지, 다음 수업시간에 스스로 생각한 다른 장치를 제안했습니다.

그 아이디어를 적용해 드디어 제작에 들어갔습니다. 이후로도 현수가 새로운 아이디어를 계속 가져왔고, 완성할 때까지 몇 주일이나 걸리는 바람에 한동안 놀이교실의 한쪽 구석이 부품으로 점령당했지요. 하지만 다른 아이들도 흥미진진한 듯이 장치가 완성되는 걸 지켜보았습니다.

장치가 완성되었을 때 현수는 큰 성취감을 맛본 듯했어요. 만드는 동안 훈련자와 함께 열중하면서 많이 친해졌고, 이제는 먼저 말을 거는 일도 많아졌습니다.

대상 연령 : 초등학생 이상

■ 일주일의 계획을 세우고, 시간감각과 시간관리의 중요성에 대해서도 생각해보는 훈련입니다.

■ 계획능력은 시간감각과도 깊이 연결되어 있습니다. 하지만 발달과제에 어려움이 있는 아이는 대체로 시간감각이 약해서 무언가를 시작하면 시간이 가는 것을 완전히 잊거나, 중요한 일을 뒤로 미루어 생활에서 곤란을 겪기도 합니다. 또 계획을 세우는 데 서투른 경우가 많아서 생각나는 대로 행동하므로 무엇이든 철저히 하기가 힘들지요.

■ 일정표를 만들거나 일과를 정하는 것이 재미있는 일이라는 느낌을 갖도록 색깔이 들어간 그림 종이나 여러 색의 사인펜, 메모지와 스티커, 일러스트 조각 등을 사용해 자신만의 일정표를 만들게 해보세요.

대상 연령 : 초등학교 3학년 이상

'주제에 맞게 말하기' 방법

① 다음과 같은 이야기를 시작한다.

"

인간의 몸이 제대로 서 있을 수 있는 건 어째서일까? 그래, 몸속을 지나는 뼈가 몸을 제대로 받쳐주기 때문이지. 이야기를 할 때도 마찬가지야. 뼈대가 확실하면 이야기가 흔들리지 않고 알아듣기 쉽거든. 뼈가 없으면 흐물흐물 민달팽이 같겠지?"

② 화이트보드나 프린트용지 등을 이용해 이야기의 뼈대를 실제로 만들어본다. 처음에는 만드는 방법을 잘 모를 테니, 훈련자가 기본적인 뼈대의 예를 제시하면 좋다. 예를 들면 다음과 같다.

하나, 시작

- 무엇에 대해 이야기하려고 하는지
- ○○란 어떤 것인가
- 그 주제를 선택한 이유 등

둘, 체험한 일이나 실제로 있었던 일

- 언제, 어디서, 누가, 무엇을, 어떻게 했는지

셋, 감상과 발견

■ 체험이나 사건을 통해 느낀 점, 깨달은 점

넷, 마무리

■ 앞으로 어떻게 할 것인지

■ 맺음말

③ 뼈대에 구체적인 내용을 적어본다. 이 경우에 가급적 문장을 그대로 쓰지 말고 키워드나 핵심문장만 쓰면 더 효과적인 훈련이 된다. 물론 처음에는 할 말을 그대로 다 적어도 된다.

④ 뼈대가 완성되면 보드나 프린트에 적은 뼈대를 보면서 이야기하는 훈련을 한다. 서서히 보드나 프린트에서 눈을 떼고 이야기할 수 있게 되면 좋다.

⑤ 조금씩 능숙해지면 뼈대의 패턴을 다르게 바꿔 도전한다. 그러면 능력이 더 향상된다. 이런 훈련을 반복하면 자신 있게 이야기할 수 있게 된다.

⑥ 작문도 같은 방법을 사용하면 긴 글을 쉽게 구성할 수 있다.

■ 육하원칙을 의식하며 어느 정도 짧은 이야기를 할 수 있게 된 아이에게 조금 더 정리된 말하기를 시키는 훈련입니다.

■ 한두 마디의 발언이라면 떠오르는 대로 이야기하거나 머릿속에서 문장을 구성할 수 있지만, 조금 더 내용이 있는 이야기를 정리하려면 고도의 계획능력과 통합능력이 요구됩니다.

■ 어떤 주제에 대해 자유롭게 이야기하라고 하면 '자유롭게'라는

부분이 오히려 어렵게 느껴지는 아이가 많다고 합니다. 여기에도 계획능력과 통합능력이 관계됩니다.

- 그런 능력을 단련하는 데 효과적인 2단계 방법은

  첫째, 먼저 이야기의 뼈대를 만들고

  둘째, 그것을 보면서 이야기하는 연습을 하는 것입니다.

'주제에 맞게 말하기' 사례

영희는 초등학교 3학년의 여자아이입니다. 독서를 좋아해서 언어적인 능력은 비교적 높지만, 실제 의사소통에서는 상대방의 기분을 파악하거나 상대방의 입장에서 생각하는 것을 어려워합니다. 이야기가 다른 길로 잘 빠지는 데다 요령 있게 말하는 데 서투릅니다. 그런 영희도 이야기의 뼈대를 만들자 꽤 원활하게 말할 수 있게 되었어요.

다음은 다른 여자아이 한 명과 합동으로 진행한 수업의 모습입니다.

훈련자 : 오늘도 스피치 연습을 해볼까? 오늘의 주제는 '최근에 즐거웠던 일'로 할까 하는데 어때?

영희 : 네, 좋아요!

훈련자 : 그럼 뭐부터 해야 할까?

영희 : 뼈대!

훈련자 : 정답!

　(훈련자가 기본적인 뼈대를 제시하자 아이들은 이야기하고 싶은

내용을 적습니다. 둘 다 술술 쓰더니 앞다투어 손을 들었어요.)

🧒 미나 : 다 했어요!

🧒 영희 : 저도요!

🧑 훈련자 : 굉장히 빨라졌네.

🧒 영희 : 벌써 여러 번 했잖아요.

🧒 미나 : 쉬워요!

🧑 훈련자 : 한 명씩 발표해볼까?

<u>영희의 말하기 내용</u>

① 지금부터 지난주 토요일에 놀이공원에 갔던 일에 대해 말하겠습니다.

② 먼저 일일이용권을 샀습니다. 그런 다음 입구로 들어가서 아이들의 숲으로 갔습니다. 거기서 육상게임을 하며 놀았습니다. 그 후 맥도날드에 가서 점심을 먹었습니다. 저는 해피밀세트를 주문했어요. 점심을 먹은 후에는 바이킹을 탔어요. 그 다음에 동생이 회전목마를 타고 싶다고 해서 같이 탔습니다. 마지막으로 관람차를 탔습니다.

③ 재미있었고 다음에 또 놀이공원에 가고 싶어요.

④ 다음에 갈 때는 캐릭터 모자도 사고 싶습니다. 들어주셔서 감사합니다.

남들 앞에서 말하기를 힘들어하던 영희가 조금 긴 이야기도 술술 해내게 되었습니다.

> 💡 **훈련 TIP 주제에 맞게 말하기**
>
> 우선은 아이 스스로 경험한 즐거운 일이나 재미를 느낀 사건을 주제로 연습
> 하게 하세요. 그러면 아이도 긴장하지 않고 즐겁게 스스로 알아서 이야기할
> 겁니다. 이야기하는 데 익숙해지면 노력한 일이나 속상했던 일, 슬펐던 일
> 등 주제를 바꾸면서 연습해보면 좋아요. 어떤 경우든 듣는 사람은 늘 아이가
> 애써서 말하려는 자세를 따뜻하게 지켜보면서 흥미와 관심을 갖고 들어야
> 합니다.

대상 연령 : 초등학교 고학년 이상

- 컴퓨터의 소프트웨어를 만들 때 기초가 되는 것이 알고리즘 (algorism)인데, 문제를 풀기 위한 수순을 나타낸 흐름입니다. 알고 리즘을 이용하면 입력과 연산(계산), 판단 등 하나하나의 과정을 통해 매우 복잡한 처리도 가능해집니다.

- 알고리즘이 어렵게 느껴질 수도 있지만, 사실 아이들도 친숙하고 비교적 쉽게 만들 수 있는 것이 있습니다. 바로 주사위 게임입니 다. 이 범위 안에서 멈추면 세 칸 앞으로 전진시키거나 뒤로 되돌 아가는 등의 규칙이 정해져 있고 그에 따라 게임이 전개되는데, 이것이 바로 알고리즘이거든요.

- 자신만의 독창적인 주사위 게임을 만들어 즐기면서 알고리즘적 인 사고를 익힙니다. 주제는 어른이 될 때까지의 인생게임도 괜 찮고, 지도를 배운 아이라면 여행게임, 전철을 좋아하는 아이는 철도게임도 좋겠지요. 학교나 놀이공원을 탐색하거나 좋아하는 캐릭터가 등장하는 게임을 만들어보세요.

- 제작에 시간이 걸리지만 다양한 장치나 아이디어가 터져 나올 겁 니다. 스스로 만들어내는 재미를 느낀 후에는 함께 놀면서 성취 감을 느끼세요. 개선할 점을 제안하면서 아이디어를 내는 것도 좋지요. 이때 아이가 주도해야 된다는 걸 기억하세요.

'계획능력과 통합능력' 훈련 웃기는 이야기 만들기

대상 연령 : 초등학교 고학년 이상

'웃기는 이야기 만들기' 방법

① 우선 훈련자가 최근에 있었던 재미있는 일이나 힘들었던 일, 실수담을 털어놓는다.

② 그리고 재미있다는 듯이 웃는다.

③ 그런 다음에 아이에게도 웃기는 이야기를 하나 하게 한다.

④ 아이 이야기를 듣고 신나게 웃은 후에 "그 이야기 말이야. 이렇게 말하면 더 재미있겠다"라고 조언한다.

■ 남을 웃기는 재미있는 이야기를 만드는 훈련입니다.

■ 인간만이 웃습니다. 그런 의미에서도 웃음이란 고도로 지적인 능력임에 틀림없지요. 사람을 웃기는 유머 기술은 사람과의 거리를 좁히고 호감을 갖게 하는 등 사회에서 활약하는 데도 매우 중요한 능력입니다. 하지만 발달과제에 어려움이 있는 아이는 대체로 유머나 농담을 하는 데 서투른 경향이 있습니다. 웃음을 위해서는 관점을 바꾸어야 하는데, 그것이 어렵기 때문이지요.

■ 웃음을 유발하려면 보통 어떻게 생각하는지를 예측해 예상을 뒤엎어야 합니다. 이때 마음 이론 능력도 필요하고, 이야기를 전개하는 법도 중요하니 계획능력과 표현력도 요구됩니다.

- 남을 깎아내리는 웃음은 독이 있어서 문제의 씨앗이 되기도 합니다. 따라서 우리는 자신을 내보이며 만들어지는 웃음을 사회적 기술로 훈련해야 합니다.

- 가장 자연스럽고 해가 없는 것은 자신이 최근 경험한 실패나 사건을 이야기하면서 상대방에게서 터져 나오는 웃음입니다. 거기에 주위 사람들이 자연스레 참견하면서 더 분위기가 무르익지요. 즉 웃음의 한 가지 기능은 자기를 열어 보이는 것이며, 자신의 벽을 무너뜨리는 일입니다.

- 보통은 "잠깐 들어볼래? 이런 일이 있었거든"이라고 말하기 시작합니다. 일상대화 속의 웃음은 자신의 체험을 이야기하는 것에서 시작됩니다. 실제로 조금 부끄러운 체험을 털어놓으면 대개는 웃음이 터집니다. 이것을 받아들이지 못하는 것은 자신을 열지 못하고, 너무 벽을 세운 탓이지요. 화자가 자신을 너무 지키려고 하면 듣는 사람은 진지하기는 해도 재미는 없다고 느낍니다.

- 그래서 재미있는 이야기를 하라고 하면 어렵지만, 최근에 있었던 부끄러운 사건이나 실수에 대해 이야기하라고 하면 훨씬 쉽습니다.

- 글로 쓰는 편이 더 재미있는 이야기가 나오는 아이도 있습니다. 대화는 서툴지만 재미가 넘치는 대본이나 희극 각본을 쓰는 아이도 있지요. 웃기는 이야기는 아니지만 동화나 소설을 쓰는 아이도 있어서 의외의 재능을 발견하기도 합니다. 대본을 만들어 직접 인형극을 하거나 상연하는 등의 활동은 아이에게 큰 계기를 만들어주기도 합니다.

대상 연령 : 초등학교 고학년 이상

'공부계획 세우기' 방법

① 먼저 "다음 시험 때 공부 계획을 함께 세워볼까?"라고 미리 말을 해두고, 시험범위를 알 수 있는 프린트물이나 교과서, 워크북 등을 준비하게 한다.

② 시험일까지 남은 날짜와 하루의 공부시간을 계산해 총 몇 시간의 공부시간이 확보되는지 대략적으로 파악한다. 거꾸로 말하면 시간이 그것밖에 없는 셈이다. "이 시간을 어떻게 쓰는지가 중요하겠다"라고 이야기한다.

③ 가로 5센티미터, 세로 4센티미터의 크기로 자른 카드를 1시간당 1장씩 공부시간의 수만큼 준비한다. 1시간은 너무 길어서 집중력이 유지되지 않는다면 30분 또는 40분 단위로 해도 된다.

④ 카드를 과목별로 대략적으로 배분한다.

⑤ 각 과목별로 해야 할 학습내용을 중요한 순서대로 카드에 적어나간다. 1장의 카드에는 과목명과 1시간(30분 또는 40분) 동안에 공부할 수 있는 학습내용(문제집, 프린트물의 페이지, 어떤 공부를 할지 등)을 기입한다. 이때 학습법에 대해서도 조언한다.

⑥ 공부시간이 많이 부족하다면 공부시간을 늘리거나, 할 일을 줄이거나, 다른 과목에서 시간을 조정하는 등의 대응을 생각한다.

⑦ 카드에 다 기입한 후에는 날짜별로 나열하고 일정을 짠다. 완성되면 공책이나 용지에 옮겨 적어 학습계획표를 완성한다. 나열한 카드를 그대로 용지에 붙여서 계획표로 사용해도 된다.

■ 중간고사나 기말고사 등 시험을 위해 학습계획을 세웁니다. 계획 세우기가 익숙하지 않은 아이를 위해 카드를 사용해 계획을 세우는 방법입니다.

■ 초등학교까지는 단원마다 시험이 있어서 숙제만 제대로 해도 그럭저럭 시험을 치를 수 있었습니다. 하지만 중학교에 들어가면 한 학기에 2번밖에 없는 정기시험의 범위가 넓어 숙제만 해서는 잘 풀 수 없습니다.

■ 이때 요구되는 것이 계획을 세워 학습하는 힘이지요. 큰 시험일수록 이런 능력이 필요합니다. 한정된 시간 내에 범위 전체를 살펴보고 자신이 취약한 부분에 효율적으로 시간을 배분해야 하니까요.

■ 계획능력이 약해 벼락치기로 공부를 해온 아이는 지능 자체가 우수해도 중학교에 들어가면서부터는 성적이 잘 오르지 않습니다. 이런 아이는 공부방법을 몰라서 비효율적으로 산만한 학습만 하니 효과가 나오지 않는 것입니다.

'공부계획 세우기' 사례

영희는 초등학교 때 과잉행동과 부주의가 두드러졌으며, 친구들 무리에도 잘 끼지 못했습니다.

이런 문제를 개선하기 위해 상담을 하러 왔습니다. 가정에서도 지지하고 학교 선생님도 이해해주셔서 초등학교를 졸업할 무렵에는 행동 문제가 개선되었습니다. 컴퓨터에 능숙하여 독학으로 프로그래밍을 공부해서 홈페이지와 간단한 애니메이션을 만들기도 했습니다.

하지만 중학교에 들어간 후 일시적으로 성적이 떨어지자 부모님이 걱정하기 시작했습니다. 초등학교 때까지는 거의 시험공부를 하지 않아도 어떻게 넘길 수 있었는데, 중학교에서는 그런 방법이 통하지 않았습니다.

시험범위가 초등학교 때와는 비교도 안 될 만큼 넓고, 외워야 할 내용도 많이 늘었습니다. 그래서 학습계획을 철저히 세우기로 했습니다. 그런데 영희는 지금까지 한 번도 계획을 세워본 적이 없다고 합니다.

영희는 처음으로 공부계획표를 만들어보았습니다. 그렇게 완성된 일정표를 엑셀 표로 만들어 관리했어요. 그런데 계획한 학습내용을 놀랄 만큼 잘 수행해냈습니다. 성적은 눈에 띄게 향상되었지요. 2학기에는 반에서 상위권에 들었으며 다음 학기에는 반에서 1등, 학년에서 2등까지 했습니다.

그 후에도 학년에서 1등을 했고, 공립고등학교에 진학할 예정이었기 때문에 특별히 학원에 다니지도 않았습니다.

그렇게 영희는 공부계획을 꾸준히 실천하였고, 유명한 인문계 고등학교에 진학했지요. 잠재적인 능력이 뛰어났던 것도 있지만, 계획적인 학습이 아이의 능력을 꽃피운 좋은 예입니다.

영희처럼 계획적인 학습이 힘든 아이들은 함께 학습 계획을 세우고, 또 그 아이에게 맞는 학습법을 생각하는 프로그램으로 훈련하면 좋습니다.

학원이나 과외교사에게만 의존하면 스스로 공부계획을 세우는 능력을 키우지 못합니다. 초등학교, 중학교는 어찌어찌 넘기더라도 고등학교에 진학하면 분명 벽에 부딪힙니다. 그래서 일찍부터 이런 능력을 단련하는 것이 중요합니다.

제9장

행동과 감정
조절 훈련

감정의 제동장치가
약한 아이에게
제동 걸어주기

◇
◇

이번 장은 행동과 감정의 조절 능력을 높이는 훈련에 대해 살펴보겠습니다.
행동의 제동장치가 약하면 감정의 제동장치도 약한 경향이 있는데요. 이 제동
장치를 강화하려면 '지도'와 '수용'의 균형이 중요합니다. 어떻게 효과적으로
균형을 맞출지 훈련을 통해 알아볼게요.
먼저 행동과 감정의 조절 능력을 알기 위해 '체크리스트'를 확인하십시오.

아이의 '행동과 감정 조절 능력' 확인하기

※ 이 체크리스트는 아이의 행동과 감정의 조절 능력을 알기 위한 것으로, '정상'과 '비정상'을 판정하는 기준이 아닙니다.

·· '행동과 감정 조절 능력' 체크리스트 ··

1. 가만히 앉아 있지 못하며 손장난을 하거나 몸을 바스락거리며 움직인다.
   ① 매우 그렇다.　　　　　② 어느 정도 그렇다.
   ③ 별로 그렇지 않다.　　　④ 전혀 그렇지 않다.

2. 재미있는 일은 시간이 다 되어도 쉽게 그만두지 못한다.
   ① 매우 그렇다.　　　　　② 어느 정도 그렇다.
   ③ 별로 그렇지 않다.　　　④ 전혀 그렇지 않다.

3. 차분히 생각하지 않고 생각이 나는 대로 행동해버린다.
   ① 매우 그렇다.　　　　　② 어느 정도 그렇다.
   ③ 별로 그렇지 않다.　　　④ 전혀 그렇지 않다.

4. 생각과 다른 일이 벌어지면 패닉상태에 빠진다.
   ① 매우 그렇다.　　　　　② 어느 정도 그렇다.
   ③ 별로 그렇지 않다.　　　④ 전혀 그렇지 않다.

5. 초조해하며 짜증을 내거나 물건에 화풀이를 한다.
   ① 매우 그렇다.　　　　　② 어느 정도 그렇다.
   ③ 별로 그렇지 않다.　　　④ 전혀 그렇지 않다.

아이의 행동과
감정 조절하기

― 과잉행동, 충동성, 기분 변화

• • •　　차분히 있지 못하고 돌아다니거나 충동적으로 행동하는 등
의 행동 조절 과제는 어린 아이들에게 매우 많습니다. 이런 행동 문제
는 행동에 제동을 거는 기능과 관계가 깊습니다. 행동의 제동장치뿐만
아니라 감정의 제동장치도 똑같은 뇌 영역의 기능이 관계하므로, 행동
의 제동장치가 약하면 감정이나 기분의 제동장치도 약한 경향이 있습
니다.

이 제동장치의 기능을 강화하려고 그저 엄하게 주의를 주고 참게 해
서는 효과가 없습니다. 유아기 후반에 너무 엄격히 야단을 치면 오히
려 반항하거나 공격적인 모습을 보입니다. 주위를 곤란하게 하는 문제
행동이 늘어나거나 탈모 또는 틱, 야뇨증, 허언증 등의 더 까다로운 증
상이 나타나기도 하지요. 그렇다고 너무 예뻐한 나머지 뭘 해도 허용
하는 양육이나 아무것도 지도하지 않는 방임적인 태도로는 행동이나

감정을 조절하는 능력을 키우지 못합니다.

따라서 '지도'와 '수용'의 균형이 매우 중요합니다. 지도는 규범과 규칙을 알려주는 것이고, 수용은 아이를 있는 그대로 받아들이고 긍정해주는 일입니다. 균형적으로는 수용과 긍정에 80, 90퍼센트, 지도에 10, 20퍼센트를 할당하는 것이 좋습니다. 이 비율이 같을 필요는 없으며, 아이에 따라서 또는 같은 아이라도 상황에 따라 조정하면 됩니다.

자기주장에 서투르고 감정을 억누르는 아이에게는 가급적 지도를 줄이고 수용과 긍정을 늘려주면 좋습니다. 자기주장이 왕성하고 조절이 약한 아이에게는 규범과 규칙 부분을 조금 강하게 할 필요가 있어요. 물론 이 경우에도 수용과 긍정을 잊지 않아야 합니다.

또 아이가 약해져 있을 때나 힘들어할 때는 수용과 긍정을 늘리고 지도는 삼가는 편이 좋아요. 아이가 적극적으로 과제에 임하려고 할 때는 지도적 태도를 늘려 힘을 키우는 데 주력하면 되겠지요. 그럴 때도 수용과 긍정을 잊지 마세요.

모든 훈련은 행동이나 감정 조절력을 향상시키는 데 도움이 됩니다. 왜냐하면 정해진 시간 안에 일정한 프로그램을 계속 진행하려면 지금 실시하는 것 이외의 행동을 하지 않도록 제동을 걸어야 하거든요. 또, 진행하는 과제가 재미있더라도 다음 과제로 전환하기 위해 그만둘 수 있어야 하기 때문입니다. 이것은 많은 아이들이 어려워하는 일인데, 전환을 하려면 제동장치가 제대로 기능해야 합니다.

때로는 그런 발달과제에 특화된 프로그램으로 제동을 걸거나, 행동과 기분을 제어하는 능력을 높이기 위한 활동을 하기도 합니다.

'되돌아보는 힘 키우기' 실전 훈련

••• 일이 잘 풀리지 않았을 때 되돌아보는 힘은 새로운 성장을 만들어내는 원동력입니다. 되돌아보는 힘이 약하면 같은 실패를 되풀이하기 쉽지요. 애당초 되돌아보는 힘이 약하면 자신이 저지른 실패를 잘 기억하지도 못할 뿐더러 전후의 사정을 떠올리지도 못합니다.

최근에 있었던 일에 대해 되돌아보면서 이야기하는 것은 행동의 변화로 이어지기 쉽고, 성장할 잠재능력이 높다는 것입니다. 행동이나 정서의 문제를 가진 아이나 성인은 대체로 되돌아보는 힘이 부족합니다. 이것을 극복하려면 되돌아보는 힘을 높이는 것이 매우 중요합니다.

그래서 최근에 있었던 일을 떠올려 이야기해보게 하는 것이 중요한 훈련이 되지요. 처음에는 자신이 한 일이나 과정조차 잘 기억하지 못하는 경우도 많아요. 하지만 이야기를 정성껏 끌어내다보면 점차 기억을 떠올리거나 순서에 맞게 이야기할 수 있게 됩니다. 계기나 그때의 기분, 자신의 반응방법, 더 좋은 대처방법 등에 대해 생각하는 접근은 '인지치료'라 불리는 훈련입니다.

또 문제의 원인을 찾고 그것을 없앰으로써 나쁜 반응을 줄일 수도 있습니다. 이것은 행동치료나 응용행동분석에서 이용되는 접근 중 하나인데, 인지치료와 행동치료를 합해 '인지행동치료'라고 부릅니다.

인지치료나 인지행동치료에서는 기록을 하게 하는 경우가 많아요. 그런데 발달과제에 어려움이 있는 아이는 대체로 그런 것에 서투르므로 오히려 스트레스를 느끼기도 합니다. 부모 역시 마찬가지로 기록하는 것을 힘들어하거나 부담스러워해서 지속되지 못하는 경우가 많으니, 그 점에 너무 제한받지 않는 편이 현실적입니다.

수업을 할 때 되돌아보며 이야기하는 방법으로도 충분히 효과를 기대할 수 있으니 너무 엄격하게 진행하지 않아도 됩니다. 그런 훈련의 예를 몇 가지 살펴보겠습니다.

대상 연령 : 전 연령

'초조함과 짜증 조절하기' 방법

① 우선 짜증이 나기 쉬운 상황이나 초조함으로 인해 문제가 된 사건을 떠올리며 이야기하게 한다.

② 원인이나 계기, 그 일을 어떻게 생각했는지, 어떤 반응이 일어났는지, 그에 대해 어떻게 대처했는지 등에 대해 서로 이야기하고 알려준다.

③ 인지치료적인 접근에서도 짜증이 나는 마음에 공감해주고 곤란했던 일을 편하게 이야기할 수 있도록 안심시키는 것 중요하다. 짜증을 내면 안 된다고 이야기하거나 "그 점이 잘못되었어"라는 식의 부정적인 표현을 하면 안 된다.

④ 초조하고 짜증이 났을 때 어떻게 하면 잘 대처할 수 있는지에 대해 몇몇 구체적인 예를 제시하면서 아이와 함께 생각해본다.

■ 뭔가 곤란한 일이 있거나 자신의 생각대로 되지 않을 때 자기도 모르게 초조해하고 짜증을 내버리고, 기분을 잘 조절하지 못해 사람이나 사물에 화풀이를 하는 아이가 많습니다.

■ 초조하거나 짜증이 날 때 자신의 기분이나 행동을 조절하는 힘을 키우기 위한 훈련입니다.

'초조함과 짜증 조절하기' 사례

철수는 초등학교 3학년입니다. 어릴 적 사소한 일에도 쉽게 큰 상처를 받는 과민한 경향이 있었습니다. 초등학교에 입학한 후에도 혼이 나거나 나쁜 점을 지적받으면 심하게 예민했고, 자신의 잘못을 지적받으면 감정을 조절하지 못하거나 패닉상태에 빠졌습니다.

철수와 약 1년 반 동안 수업을 계속하고 있습니다. 수업을 시작했을 무렵에는 자신의 기분이나 생각을 말로 표현하는 것을 어려워해 감정이 폭발하는 일이 종종 있었습니다. 하지만 최근에는 자신의 기분과 생각을 말로 표현할 수 있게 되었고 "이 정도는 괜찮아요!", "그렇게 어렵게 생각하지 않아도 어떻게든 될 거예요!"라며 긍정적으로 기분을 전환하는 일도 늘어났습니다.

다음은 철수와 진행한 훈련의 예입니다.

훈련자 : 철수야, 요즘 뭔가 짜증난다 싶은 일 있니?

철수 : 음, 유민(여동생)이랑 맨날 싸우긴 하는데 …….

훈련자 : 그렇구나. 어떤 일로 싸우는데?

철수 : 제 장난감을 멋대로 쓰거나 망가뜨리잖아요.

훈련자 : 그럴 때 어떻게 해?

철수 : '야!' 하고 소리칠 때도 있어요. 그래서 엄마한테 혼도 나요.

훈련자 : 그렇구나, 그럼 어떻게 하면 짜증나는 마음을 잘 표현할 수 있을까?

철수 : 네? 그건 잘 몰라요.

🧑 훈련자 : 사실은 짜증을 잘 표현하는 방법이 있단다. 같이 생각해 볼까?

훈련자가 짜증을 억누르거나 발산하는 방법(심리치료와 인지행동치료 적 접근)을 구체적으로 몇 가지 소개합니다.

예 짜증을 조절하는 방법

- 천천히 열까지 세어본다.
- 배에 손을 대고 심호흡을 한다.
- 그 자리에서 벗어난다.
- 머릿속에서 짜증의 뚜껑을 닫는다고 상상해본다.
- 마음이 안정되는 혈을 마사지한다.
- 베개나 쿠션을 샌드백처럼 두드린다.

🧑 훈련자 : 철수는 어떤 방법이 좋은 것 같니?

🧒 철수 : 저는 기분 나쁜 일이 있으면 항상 화장실로 도망가요.

🧑 훈련자 : 오, 그렇구나! 좋은 방법이네. 화장실로 도망가면 기분이 어때?

🧒 철수 : 혼자 있으면서 기분을 가라앉혀요. 그러면 조금 시원해지는 것 같아서요.

🧑 훈련자 : 좋은 방법이구나.

🧒 철수 : 그리고 이불에 펀치를 날리기도 하고요!

훈련자 : 그것도 좋다! 이불에 펀치를 날리면 아무도 아프지 않고 기분 나쁠 일도 없겠네.

철수 : 다음에는 오늘 알려주신 다른 방법도 해볼게요.

훈련자 : 그래, 해봐. 그리고 평소에 '나는 어떨 때 쉽게 짜증이 나는지'를 알아두면 좋을 것 같아. 철수는 어떨 때 짜증이 잘 나니?

철수 : 제 물건을 누가 마음대로 만지거나 놓아둔 곳이 바뀌거나 하면요.

훈련자 : 그랬구나. 철수는 아주 꼼꼼하구나.

철수 : 늘 그것 때문에 동생이랑 싸움이 나요. 엄마는 맨날 동생 편만 들고…….

훈련자 : 그렇구나. 그래서 더 화가 나는구나.

철수 : 맞아요. (크게 고개를 끄덕인다.)

훈련자 : 그래도 이렇게 짜증의 원인을 하나 알았으니 조금은 대처하기 쉬울 거야. 만약 동생이 네 물건을 만져서 싸움이 나고 엄마한테 혼이 나서 짜증이 났을 때도 '아! 이건 항상 있는 일이구나' 하고 생각할 수 있겠지.

철수 : 그러네요.

훈련자 : 그래도 엄마한테 혼나서 짜증나기 전에 뭔가 할 수 있는 일은 없을까? 동생은 어떤 물건을 만지려고 하니?

철수 : 제가 아끼는 카드나 만화책 같은 거요.

훈련자 : 아끼는 물건들이구나. 그래서 놓아둔 곳이 바뀌면 기분이 나쁘구나. 뭔가 좋은 방법이 없을까?

😊 철수 : (뭔가 생각이 난 듯 손을 들고) 특별히 소중한 건 유민이가
모르는 곳에 넣어두는 거죠.

😊 훈련자 : 우와, 과연 명답이네!

😊 철수 : 네, 그렇게 해볼게요.

철수는 이전에 비해 '이럴 때는 어떻게 하면 되는가?'라고 차분하고
냉정하게 생각할 수 있게 되었습니다. 실제로 일상생활 속에서도 패닉
상태에 빠지거나 기분이 불안정해지는 일이 예전에 비해 줄어들었다
고 해요.

> 💡 **훈련 TIP 초조함과 짜증 조절하기**
>
> 우선 뭔가 기분 나쁜 일이 있을 때 짜증이 나는 것은 지극히 자연스러운 일
> 이라는 점, 또한 짜증이 나는 것 자체가 나쁘지는 않다는 점을 공유하면 좋
> 겠지요. 그런 후에 짜증이 날 때의 대처법을 함께 생각하면 아이도 안심할 수
> 있을 겁니다.
> 구체적으로 초조함의 원인을 파악하고 예방책을 생각하거나 받아들이는 법
> 을 생각해보면 더욱 개선할 수 있습니다.

'되돌아보는 힘 키우기' 훈련 분노 조절하기

대상 연령 : 초등학생 이상

- 분노 조절은 발달과제에 어려움이 있는 아이에게는 매우 자주 보이는 현상입니다.

- 하지만 제대로 된 훈련을 하면 개선할 수 있습니다. 훈련을 통해 아이 안에 새로운 사고회로나 대처법을 키워나가면 성인 이상으로 빠른 성과를 보이는 사례도 많습니다.

- 여기서 소개할 훈련은 구체적인 사건으로 시작해 그때의 기분이나 배경에 대해 되돌아보고, 이미지를 이용해 감정을 수정해가는 방법입니다.

- 아이와 상호작용하면서 감정이나 행동의 패턴을 바꿉니다. 자신을 되돌아보고 언어화하는 힘이 생기면 행동도 달라집니다. 또 일반적인 인지치료가 어려운 아이라도 이미지를 이용하면 자신의 마음에 일어난 일을 파악하기 쉽고, 행동의 변화로 이어지지요.

- 분노의 정도를 게임 레벨처럼 포인트나 숫자로 나타내는 것도 한 가지 방법입니다.

- 마음의 용량을 탱크에 빗대어 얼마나 가득 찼는지 알려달라고 하면 자신의 상태를 더 잘 이해할 수 있습니다. 이 방법은 분노를 조절하는 힘을 키울 뿐만 아니라, 의사소통 능력과 자기표현력을 키우는 데도 도움이 됩니다.

'분노 조절하기' 사례

철호는 매우 과민한 초등학교 4학년의 남자아이입니다. 철호는 고양이를 좋아하지 않아서 갑자기 고양이가 나타나면 패닉상태에 빠질 정도입니다.

훈련자 : 철호야, 학교에서 기분 나쁜 일 있니?

철호 : 어떤 애가 제가 진짜 싫어하는 '고양이'에 대해 묻는 거요. 일부러 '야옹야옹'거리면서 고양이 울음소리를 따라 해요.

훈련자 : 그럴 때 어떻게 하니?

철호 : 참아요. 무표정하게.

훈련자 : 그렇구나. 그때 속마음은 어떠니?

철호 : 싫어요. 집에 가서 폭발해요. 아무것도 할 수 없게 돼요. 고양이 때문에 폭발하는 거죠.

훈련자 : 그럴 때의 분노 레벨을 알려줄래?

철호 : (그림으로 분노 레벨을 나타내며) 포인트가 100점 만점일 때 고양이는 70점이에요.

훈련자 : 그밖에도 분노 포인트가 붙는 것이 있어?

철호 : 오늘 아빠한테 꾸중 들은 건 20점.

훈련자 : 포인트가 많이 쌓였네. 어떻게 하면 줄어들까?

철호 : 줄어드는 방법은, 좋아하는 그림을 그리면 마이너스 5점. 그리고 10분마다 1점씩 줄어들어요.

훈련자 : 그렇구나. 그럼 어떻게 하면 늘어나지 않을까?

이렇게 함께 생각하고 이야기하며, 기분 나쁜 일이 있어도 전환할 수 있다는 걸 알려줍니다. 이렇게 하면 그저 분노를 참는 것이 아니라 기분 나쁜 일이 있어도 기분을 전환하기로 목표가 달라집니다.

훈련자 : 기분 나쁜 일이 생기는 건 막을 수 없지만, 전환은 자기 노력으로도 가능한 거지.

철호 : (밝은 표정으로) 해볼게요.

분노의 감정을 숫자로 나타내거나 분노의 탱크가 얼마나 찼는지 이미지화하면 자신의 기분을 모니터링하는 능력이 향상됩니다.

이런 수업을 계속하자 철호가 집에서 크게 폭발하는 일도 완전히 자취를 감췄습니다. 또 분노 조절에서는 시발점이 되는 스트레스를 줄이는 것도 중요하므로, 가족과 학교 선생님이 아이의 특성을 이해해주는 것이 매우 중요해요.

대상 연령 : 전 연령

'관심사 전환시키기' 방법

① 우선은 좋아하는 일에 집중하는 것을 너무 부정적으로 보지 말고 다가가는 자세를 보이는 것이 중요하다. 실제로 다른 것이 귀에 들어오지 않는 아이에게 "그만 해"라고 강하게 야단을 쳐봐도, 설령 그때는 따르지만 점차 반발심이 생긴다. 자신이 하는 일을 억지로 방해했다는 생각이 어딘가에 남아서 마음을 닫아버릴 수도 있다.

② "언제까지 그것만 할 거야?", "이제 그만할 때가 되었어!" 등의 부정적인 표현이 아니라, 그 아이의 주체성을 존중하는 말 걸기가 기본이다. 아이의 관심을 더 끌어낼 만한 일을 제안하거나 의욕을 불러일으킨 후에 "(새로 의욕을 보인 것을) 빨리 해보자"라고 권유한다.

③ 이때 아이의 특성을 고려한다. 가령 보상에 민감한 아이라면 "1분 후에 그만두면 민호가 좋아하는 프로그램을 할까?"라고 제안하거나 시간을 지키면 포인트를 부여하는 것도 효과적이다.

④ 경쟁 상황이 되면 전환을 잘 하는 아이도 있다. 그런 아이에게는 스톱워치로 시간을 재면서 '실시간 중계'를 하는 방법도 있다. "2분 지났는데 아직 마음이 이기지 못하고 있나봅니다. 아니 이제

슬슬 힘을 내보나요? 일어설 수 있을까요? 대역전시키면서 3분의 벽을 깰 수 있을까요?"라는 식으로 아이의 일거수일투족을 세세히 묘사한다. 3분이 가까워지면 카운트다운을 해도 좋다. 마음속의 싸움을 진짜 싸우고 있는 것처럼 이미지화해 아이의 승부욕을 자극하는 것이다.

⑤ 또 한 가지는, 우선 아이의 세계를 공유하는 데서 시작해 대화를 나누며 말놀이로 기분을 전환하는 방법이다. 조금 수준 높은 기술이지만 자주 사용하는 방법이다. 어쨌거나 직접적으로 주의를 주지 않고 아이가 재미있어 할 만한 표현이 아이에게도 더 효과적이다. 관계성이 더 구축되면 스포츠 코치처럼 "꾸물대지 말고 얼른 시작하자! 파이팅!" 하며 활력을 불어넣는 것도 좋다.

● 재미있는 표현으로 전환하기 ●

- 아이가 뭔가 하나를 시작하면 전환을 못하고 그것만 계속하려는 경향 때문에 곤란한 일이 생길 수 있습니다.

- 숙제 하나를 하게 할 때도 굉장히 힘이 들지요. 시간을 정해두어도 매번 게임을 멈추게 하는 데 큰 소동이 나는 집도 많습니다.

- 실제로 훈련을 받는 아이 중에도 가져온 게임기에서 손을 떼지 못하고 수업을 시작한 후에도 계속하는 경우가 종종 있습니다. 반대로 생각하면 아이의 과제가 분명하게 드러나는 상황이어서 과제를 개선하기 위한 기회라고도 할 수 있지요.

- 훈련자들은 이런 상황을 잘 다루므로 이런저런 방법을 써서 전환시키고 과제를 개선합니다. 집에서도 그런 방법을 활용하기를 바라며 두세 가지 훈련법을 소개하겠습니다.

- 따라서 이 항목은 훈련이라기보다는 대처방법이나 접근에 관한 것입니다.

'관심사 전환시키기' 사례 ①

중학교 1학년인 수현이는 자주 게임을 하느라 아이패드를 항상 들고 다닙니다. 전환을 하지 못하고 게임시간이 길어지지요. 집에서는 게임기를 뺏기면 화가 나서 다른 일이 손에 잡히지 않기도 합니다. 이날도 들어오자마자 앉아서 게임 화면만 봅니다.

훈련자: 수현아, 무슨 게임하니?

(수현이는 게임 이름을 말하면서 훈련자에게도 게임을 보여주고 즐겁게 설명한다. 우선은 관심을 공유하기로 했다.)

훈련자: 게임은 얼마나 하니?

수현: 병아리를 하루에 15킬로미터 달리게 해요. 한 번에 1~2킬로미터 정도요.

훈련자: 병아리가 진짜 많이 뛰네.

수현: 그렇죠. 병아리 진짜 대단하죠? (웃음)

훈련자: 근데 그렇게 뛰면 병아리가 피곤하겠다. 병아리가 '수현아, 이제 그만 뛰고 싶어'라고 말하지 않아?

수현: 진짜네. 너무 많이 뛰었네요. (또 웃음)

훈련자: 병아리가 '좀 쉬게 해줘'라고 안 하니?

수현: 진짜 피곤하다고 할지도 모르겠네요.

훈련자: 앞으로는 지금의 절반인 8킬로 정도로 하면 어때?

수현: 오, 그것 좋은데요. 일단 시작했는데 마지막까지 안 하면 찜찜하거든요. 하지만 그 정도 거리면 끝낼 수 있겠네요.

'관심사 전환시키기' 사례 ②

초등학교 4학년인 미소는 전철 이야기만 나오면 무척 좋아합니다. 그래서 전철에 관한 것을 만지거나 이야기를 시작하면 전환이 어렵습니다.

우선은 미소가 좋아하는 전철에 대해 정보를 알려달라고 하여 "○○역은 몇 호선이야? 진짜 잘 아네. 박사님 같다"라며 흥미를 갖고 이야기를 들으며 관심사를 공유합니다.

미소는 전철 장난감을 움직이면서 "다음은 ○○역입니다"라는 방송을 역 이름을 바꿔가며 되풀이합니다. 훈련자도 미소의 세계에 들어가 "다음에 내립니다"라고 맞장구를 칩니다.

훈련자가 "아, 벌써 시간이 이렇게 되었네. 마지막 전철이잖아. 차고에 들어가야겠다"라고 말했어요. 미소는 정신이 들었는지 시간을 확인하고 마지막 전철을 운행시켜 차고에 넣습니다. 아이의 관심사에 맞는 대응을 반복하면 억지로 무언가를 시킨다는 불안이나 짜증 없이 자신이 존중받는다고 안심할 수 있습니다. 결국 아이에게 주체적인 변화나 의욕이 생기게 됩니다.

대상 연령 : 초등학생 이상

'집착에서 벗어나기' 방법

① 집착이 심해 한 가지 행동패턴이나 흥미에만 얽매이고 다른 것을 거부하는 것도 발달과제에 어려움이 있는 아이에게 자주 보이는 모습이다. 집착하는 마음을 잘 이해하고 아이와 세계를 공유하는 것이 먼저이다. 아이와 대화를 나누면서 우선 그 점을 심화시킨다.

② 그런 다음에 아이의 행동이나 관심을 조금만 확장시키도록 제안한다. 이 경우에 아이 본인만 그 도전을 하는 것이 아니라 훈련자와 함께 해보자고 제안하는 것이 중요하다. 훈련자라는 조력자가 개입하면 혼자서는 하기 힘든 도전도 힘을 낼 수 있다.

③ 그렇게 한 걸음씩 새로운 도전에 나서면 기존의 집착이 약해지면서 행동의 변화가 일어난다.

대상 연령 : 전 연령

'소녀의 기도 자세' 방법

① 책상다리를 하고 앉은 아이가 가슴 앞에서 손을 모아 기도하는 자세를 취한다.

② 이 자세가 무너지지 않도록 몸을 천천히 왼쪽으로 비튼다.

③ 이제 더 이상 비틀 수 없을 때까지 했다면 거기서 멈추고 호흡을 정리하며 힘을 뺀다.

④ 그러면 신기하게도 조금 더 비틀 수 있게 된다. 2~3번 더 되풀이 하면 의외로 크게 비틀 수 있다.

⑤ 일단 몸을 되돌린 후, 이번에는 오른쪽으로 똑같이 실시한다.

● **소녀의 기도 자세** ●

■ 규슈대학 교육학부의 나루세 고사쿠(成瀬悟策) 교수가 제창한 임상동작은 당초 뇌성마비 환자의 기능회복을 목적으로 했지만, 그 후 자폐증이나 ADHD를 비롯해 다양한 상태의 개선에 유용한 방법으로 발전했습니다.

■ 한 장의 매트 위에서 아이에게 동작을 시키고 그것을 훈련자가 손으로 도와주는 간단해 보이는 프로그램이 기본입니다.

■ 이 자세는 '소녀의 기도'라고 불리는데 다양한 자세에 적용할 수 있습니다. 이런 훈련을 하면 몸의 긴장을 푸는 법을 체득할 수 있습니다. 신기한 점은 그 효과가 몸의 유연성뿐만 아니라 행동과 감정 조절, 나아가 언어와 의사소통 면에도 미친다는 것입니다.

■ 좁은 장소에서 서로 밀착해 몸에 손을 대고 동작을 만들기 때문에 아이와 훈련자의 애착이 형성됩니다. 넓은 장소가 필요하지 않으므로 집에서 훈련할 때도 적합합니다.

'되돌아보는 힘 키우기' 훈련 마음 챙김

대상 연령 : 초등학교 고학년 이상

'마음 챙김' 방법

① 우선 똑바로 상체를 유지한 자세로 앉아 자연스럽게 호흡한다.

② 가볍게 눈을 감는 일이 많은데 꼭 감지 않아도 된다.

③ 호흡에 주의를 집중시켜 공기가 코로 들어가 폐 깊숙이 흘러들어 가고, 폐를 부풀리고 또 천천히 나오는 것을 느낀다.

④ 잡념이나 불안, 짜증 등의 감정이 끓어올라도 그대로 호흡에 집중한다. 그러다보면 잡념과 불쾌한 감정도 허공에 떠 있는 구름처럼 흘러가버린다.

■ 행동이나 감정 조절력을 향상시키는 방법으로 최근 마음 챙김이 주목을 받고 있습니다. 마음 챙김은 호흡이나 몸의 감각에 주의를 기울여 부정적인 생각이나 감정의 연쇄를 멈추고 마음의 안정을 돕습니다.

■ 마음 챙김은 명상이나 요가 등의 영향을 받아서 영국과 미국에서 생겨났습니다. 일본을 비롯한 동양에는 충만한 마음가짐을 중시하는 문화가 아주 옛날부터 자리하고 있었기 때문에 친숙하다고 할 수 있어요.

■ 요즘은 발달과제에 어려움이 있는 아이나 부모를 대상으로 진행

되며 효과가 입증되고 있습니다. 집에서도 간단히 실시할 수 있으니 훈련 프로그램 중 하나로 적용해보면 좋습니다.

■ 보통 마음 챙김은 30분 정도의 시간을 들이지만 아이에게는 너무 깁니다. 처음에는 3분이든 5분이든 괜찮습니다. 짧은 시간이라도 계속하면 효과가 나타난다고 느끼니까요.

■ 마음 챙김의 기본은 호흡명상입니다. 호흡명상의 효과는 기분이 개운하게 정리된다는 것이지요. 그래서 마음에 평정과 여유가 회복되고 집중력과 판단력, 의욕이 높아진다고 합니다. 훈련의 마지막에라도 괜찮고 중간에 진행해도 됩니다. 꼭 시도해보세요.

제10장

애착기반
접근 훈련

아이에게
절대적인 안전기지
사수하기

◇
◇

마지막 장에서는 안전기지 기능을 높이고 애착을 안정시켜 훈련의 효과를 몇 배나 높이는 애착기반 접근에 대해 알아보겠습니다.

안전기지가 되기 위한 5가지 조건을 살펴보고, 훈련 효과를 높이는 애착기반 접근을 훈련에 적용해보겠습니다. 먼저 '체크리스트'를 확인하십시오.

아이의 '애착기반' 확인하기

※ 다음 체크리스트는 아이의 애착기반을 알기 위한 것으로, '정상'과 '비정상'을 판정하는 기준이 아닙니다.

·· '애착기반' 체크리스트 ··

1. **아이가 속마음을 이야기해주지 않는다.**
   - ① 매우 그렇다.
   - ② 어느 정도 그렇다.
   - ③ 별로 그렇지 않다.
   - ④ 전혀 그렇지 않다.

2. **초조함과 짜증으로 아이를 감정적으로 꾸짖는 일이 있다.**
   - ① 매우 그렇다.
   - ② 어느 정도 그렇다.
   - ③ 별로 그렇지 않다.
   - ④ 전혀 그렇지 않다.

3. **칭찬하기보다 야단을 치거나 주의를 주는 일이 많다.**
   - ① 매우 그렇다.
   - ② 어느 정도 그렇다.
   - ③ 별로 그렇지 않다.
   - ④ 전혀 그렇지 않다.

4. **아이에게 아버지(어머니)의 험담을 하는 일이 있다.**
   - ① 매우 그렇다.
   - ② 어느 정도 그렇다.
   - ③ 별로 그렇지 않다.
   - ④ 전혀 그렇지 않다.

5. **아이를 귀여워할 때와 부탁을 거절할 때의 차이가 크다.**
   - ① 매우 그렇다.
   - ② 어느 정도 그렇다.
   - ③ 별로 그렇지 않다.
   - ④ 전혀 그렇지 않다.

훈련 효과를
배로 높이는 비결

— 애착기반 접근

●●● 　발달에서 말하는 '애착'이란 엄마(또는 엄마를 대신하는 양육자)와 아이 사이를 연결하는 유대감을 말합니다. 이 유대감은 그저 심리학적인 유대보다는 생물학적인 유대로서 엄마가 젖을 먹이거나 안아주고, 계속 붙어서 돌봐주며 아이의 반응에 응하는 과정에서 형성됩니다.

　보통 1세 반 정도까지가 애착 형성에 가장 중요한 시기라고 하는데, 그 동안에는 곁에 있으면서 안아주는 등 스킨십을 자주 하고 끊임없이 주의를 기울여 아이의 요구에 응해주는 것이 중요합니다.

　안정된 애착이 형성된 아이는 안심하고 사람에 대한 신뢰감, 스트레스에 대한 저항력을 갖기 수월하며 지능과 사회성도 잘 발달합니다. 게다가 그 후의 인생에서도 안정된 대인관계를 갖기 쉬우며 반려자를 얻거나 부부관계, 아이를 낳고 키우는 데도 문제가 덜 생긴다는 것이 많은 연구를 통해 알려져 있습니다.

반대로 불안정한 애착만 형성된 아이는 모든 면에서 부정적인 영향을 받으며, 본래는 아무 문제가 없는 아이라도 극히 불안정한 심리를 갖게 됩니다.

애착의 토대는 1세 반 정도까지의 어린 시기에 형성된 모자관계가 큰 영향을 주지만, 반드시 그것으로만 정해지지는 않으며 상당한 가소성(可塑性, 변형된 상태가 유지됨)이 있습니다. 이후의 관여를 통해 좋은 방향으로 만회할 수도 있고, 일단 안정된 애착이 형성된 후라도 물거품이 되기도 합니다.

양육자와 애착이 안정되어 있을 때 그 양육자는 '안전기지'로서 기능을 합니다. 즉 양육자나 아이와 관계된 중요한 존재가 '안전기지'로서의 역할을 제대로 해내면, 애착이 안정되고 안심하게 되어 발달에도 좋은 영향을 미칩니다.

이에 주목해 진행하는 것이 '애착기반 접근'입니다. 애착기반 접근에서는 문제행동이나 증상 등의 나쁜 점만을 개선하는 데 혈안이 되지 않습니다. 대신 아이에게 '안전기지'가 되는 관계를 만들어 애착이 안정되도록 하는 걸 우선시합니다. 이 활동을 통해 자연스레 문제행동이나 증상도 개선됩니다.

발달과제에 어려움이 있는 아이의 경우 애착기반 접근은 매우 강력한 지원방법입니다. 발달 훈련과 병용하면 효과를 배가시킬 수 있으니 마지막 장인 이번 장에서는 애착기반 접근에 대해 설명하고자 합니다.

아이의 능력을
최대로 끌어올리는 힘

— 안전기지의 역할

• • •   안전기지라는 존재는 무슨 일이 있을 때 항상 자신을 지켜주고 응원한다는 안정감을 아이에게 부여합니다. 이를 통해 아이는 실패나 어려움을 두려워하지 않고 새로운 도전을 할 용기를 가질 수 있게 되지요. 안전기지가 되는 존재의 지원은 아이의 능력과 가능성을 최대로 발휘시킵니다.

반대로 실패했을 때 화를 내거나 엄하게 야단을 치면 아이는 위축되어 마음껏 자기주도적으로 과제에 임하지 못합니다. 지도하는 사람의 눈치만 보면서 도전을 즐기지 못하지요. 가령 엄격한 지도로 성과를 낸다고 해도 그것은 부모나 선생님께 칭찬을 받기 위한 것일 뿐이어서 금세 노력을 그만두게 됩니다. 결국 아이의 능력을 키울 수 없고 진정한 의미에서 재능을 꽃피우게 하지도 못합니다.

애착기반 접근의 특징은

- 아무리 어렵고 힘든 과제를 가진 경우에도 효과적입니다.
- 발달과제에 어려움이 있는 아이에게도 당연히 효과적입니다.

발달과제가 있으면 아무래도 부모는 못하는 것을 강하게 지도하거나 과보호하게 되고, 때로는 엄하게 야단을 치므로 부모와 자식 관계가 뒤틀리기 쉽습니다. 발달과제에 애착과제가 더해져서 대인관계가 더 어려워지거나 반항적인 태도를 보이고 불안과 신경과민이 심해져서 적응문제를 일으키기 쉽습니다. 이때 애착기반 접근에서는 부모가 아이에게 가장 큰 힘이 될 수 있도록 안전기지 역할을 되찾는 방향으로 노력합니다.

부모 자신이 어릴 때 엄한 지도를 받고 자라거나 응석을 허용받지 못한 경우, 또는 학대를 당하며 자란 경우에 자신의 아이에게도 똑같이 대하기 쉽지요. 그런 경우에는 부모 스스로가 가지고 있는 트라우마나 거기서 생기는 자동반응을 극복해야 합니다. 그런 점은 깨닫지 못하는 경우가 많은데, 우선은 부모가 자신의 과제를 깨닫는 것이 개선을 위한 첫걸음입니다.

애착기반 접근
실전 훈련
― 안전기지의 5가지 조건

• • •　　아이에게 안전기지가 되기 위해 어떻게 해야 할까요? 안전기지가 되기 위한 5가지 조건을 알아보았습니다.

하나, 안전감

안전감은 안전이 지켜지고 아이가 안심하도록 위협하지 않는 것입니다. 폭력이나 부정적인 말과 행동이 아이에게 상처를 준다는 것은 말할 필요도 없는 사실입니다. 또한, 간접적으로도 아이의 안전감을 손상시키지 않도록 주의해야 합니다. 가령 부모가 불안정해지거나 배우자와 다투는 모습을 보이면 아이의 안전감은 많이 손상됩니다.

그렇게 되지 않으려면 부모도 안전기지가 되어주는 존재에 의해 지탱되고 마음의 여유를 가지고 행복해야 할 것입니다. 설령 불행하다고 느껴져도 아이에게는 불행한 표정을 되도록 보이지 않는 것이 좋겠지요.

또 하나, 아이의 안전감을 위협하는 요인은 부모의 가치관이나 기대를 아이에게 강요하는 일입니다. '교육학대'라는 말도 종종 쓰이는데 아이가 바라지도 않는 교육을 강요하는 것도 자칫 잘못하면 학대가 되어버립니다. 교육을 열심히 시키는 가정일수록 일어나기 쉬운 문제이므로 주의해야 합니다.

둘, 반응성

반응성이란 요구받으면 응답하는 것입니다. 아이가 도움을 요청하는데 모르는 척하거나 '지금은 바빠'라며 나중으로 미루는 일은, 이 반응성을 손상시켜 안전기지로 여겨지지 못하게 만듭니다. 요청하면 언제라도 응답해주는 존재가 본래의 안전기지니까요. 물론 뭐든지 반응해야 하는 것은 아니지만, 요구했을 때 답하는 것은 큰 원칙입니다.

반대로 원하지도 않는 것을 해주는 행동은 삼가야 합니다. 즉 본래의 반응성은 아이의 주체성을 존중하는 일이기도 합니다.

셋, 공감성

공감성이란 아이의 시선으로 느끼고 생각하는 것입니다. 부모가 어른의 관점으로 생각해서 그것이 옳으니까 시키는 대로 하라고만 하면 아이는 '인형'이 될 뿐이죠. 아이는 제대로 자립할 수도 없고 자신의 삶을 살지 못합니다.

좋은 부모로 열심히 살아왔다고 생각했는데 아이로부터 끔찍하게 미움을 받거나 인연이 끊어지는 부모도 적지 않습니다. 그런 부모의 공통점은 매사를 자신의 관점에서만 바라본다는 것입니다. 아이에게 완전히 거부당하면서도 여전히 '어째서 나 같은 헌신적인 부모가 이런 취급을 당해야 하나'라고만 생각하고 아이를 이해하려 하지 않지요. 아이의 관점에서 느끼는 공감성의 부족이 불러온 비극입니다.

넷, 질서성

질서성은 안전감을 지키는 것과도 연관됩니다. 아이가 안심하고 살 수 있는 생활환경을 정비함으로써, 언제 몇 시에 무슨 일이 일어날지 모르는 '무법지대'가 아니라 예측이 가능한 안정된 환경을 유지하는 것이 중요합니다. 일정한 규칙뿐 아니라 일관성 있는 태도와 애정으로 보호받으면 아이도 안심할 수 있으니까요.

다섯, 되돌아보는 힘

마지막 조건은 되돌아보는 힘입니다. 되돌아보는 힘이 강한 부모는 실제로 안전기지가 되어 자녀와 안정된 애착을 형성하기 쉽습니다.

가령 불우한 환경에서 학대를 받으며 자라도 되돌아보는 힘이 강하면 부정적인 영향을 피할 수 있다고 합니다. 되돌아보는 힘을 키우면 학대받고 자란 사람도 자신에게 지워진 부정적인 것들을 이겨낼 수 있습니다.

반대로 안전기지가 되는 것을 방해하는 요인도 있는데요. 되돌아보는 힘이 약한 부모가 자신의 관점으로만 사건을 바라보고, 자기도 모르는 사이에 부모의 기준이나 규칙을 아이에게 강요해버리는 것입니다.

이와 더불어 완벽주의적인 성향이 강하고 너무 엄격하게 지도하는 것, 부모 자신의 기분 변화나 심리상태에 따라 대응이 달라져버리는 것 등을 들 수 있습니다. 어느 경우든 아이는 부모의 눈치만 보면서 중요한 일에 집중하지 못합니다.

대상 연령 : 전 연령

실제로 애착기반 접근을 진행할 때 가장 중요한 것은 증상이나 문제행동에 주의를 빼앗기지 않는 일입니다. 그것보다도 아이가 놓인 상황, 부모나 아이에게 중요한 타인과의 애착관계에 주목합니다.

애착기반 접근에서는 증상이나 문제행동을 줄이려고 하지 않습니다. 그것은 불안정한 애착상황에서 생긴 결과에 지나지 않는다고 생각하지요. 오히려 해야 할 것은 불안정한 애착을 안정화시키는 것, 즉 안전기지를 되찾는 일입니다.

'문제 배경 먼저 보기' 사례 ①

철수는 초등학교 5학년입니다. 학교에 가려고 하면 복통을 호소하여 상담을 하러 왔습니다. 철수는 타인의 눈치를 보는 면도 있어서 처음 왔을 때는 '학교에 가고 싶지 않다'는 마음을 엄마에게 좀처럼 털어놓지 못하고 있었습니다.

당시 철수의 엄마는 "어째서 이런 것도 못하니?", "좀 더 열심히 해"라고 철수에게 엄하게 대했습니다. 또 자신이 생각한 대로 육아가 되지 않는 데 대한 초조함과 안타까움을 눈물을 흘리면서 훈련자에게 호소하기도 했습니다.

그런 상황 속에서 철수와 훈련자의 수업이 시작되었지요. 처음에는 긴장하는 모습을 보이던 철수는 한 달에 3~4번 정도 수업을 진행하면서 조금씩 자기 자신을 표현할 수 있게 되었습니다.

또 매번 수업을 마무리할 때 훈련자는 꼭 철수가 노력하는 부분이나 수업에서 보인 멋진 점을 철수의 엄마에게 전달하고 공유하였습니다. 이렇게 반복하다보니 엄마가 철수를 바라보는 시각도 조금씩 변화했습니다. 한 수업에서 철수의 엄마에게 들은 이야기를 소개합니다.

"얼마 전에 철수가 배가 아프다면서 학교에 가는 걸 미적거렸어요. 그래서 제가 배가 아프면 무리해서 가지 않아도 된다고 했지요. 그러자 다음 날부터 철수가 학교를 잘 가게 되었어요. 지금까지는 자신의 감정을 억누르고 있었는지도 모르겠어요. 싫은 일이 있어도 참거나 제게 숨기거나 ……. 안쓰러운 생각이 들었어요. 철수는 발달과제에 어려움이 있어서 다른 친구들처럼 하지 못하는 것이 앞으로도 많을 거예요. 아무튼 지금은 어떤 일이든 마음껏 즐기는 것이 철수한테는 가장 중요한 일일지도 모르겠어요."

이처럼 엄마가 철수를 바라보는 시각과 대하는 태도가 달라지면서, 철수의 신체증상은 상당히 안정되었고 학교도 빠지지 않고 다니게 되었습니다. 철수는 원래 먼저 친구들 무리에 끼거나 새로운 일에 도전하는 걸 불안해했어요. 하지만 이제는 스스로 친구에게 말을 걸고 놀러 나가거나 야외활동에 참여하는 일도 가능해졌습니다.

'문제 배경 먼저 보기' 사례 ②

수현이는 초등학교 4학년의 여자아이입니다. 누군가에게 거부당하는 데 과민하게 반응하며, 친구들과 사이좋게 지내고 싶은데 자신의 생각을 솔직히 전달하지 못해 늘 상대방이 싫어할 만한 행동을 하게 됩니다.

본인 생각과는 반대로 친구가 화를 내고 피하는 일이 많아지자, 점점 주목을 끌기 위한 행동이 늘어나는 악순환에 빠져 있었지요. 외로움을 느끼고 있지만 부모에게는 혼만 나니 응석을 부릴 수도 속내를 털어놓을 수도 없었습니다.

처음에는 힘든 일이 아무것도 없다고 하면서도 훈련자의 안색을 살피며 미움 받지 않기 위해 신경을 쓰는 모습이 보였습니다. 다행히 같이 놀고 싶어 하는 마음도 강해서 훈련자는 수현이가 좋아하는 놀이를 공유하면서 애착기반을 만들기로 했습니다.

(⊙) **훈련자** : (놀이를 하며) 고민거리 없니?

(⊙) **수현** : 칠판의 글자를 필기하는 게 싫어요.

(⊙) **훈련자** : 친구와의 관계에서 어려운 점은 없어?

(⊙) **수현** : 없어요. 싸움도 안 하는데요. (단번에 부정한다. 이후 무엇을 물어봐도 깊이 묻지 말라는 듯이 방어적인 대답을 한다.)

(⊙) **훈련자** : 만약 무슨 일이 있으면 말하렴. 선생님은 수현이 편이니까. 화내거나 하지 않아. 이야기해주면 수현이가 지내기 편하게 함께 문제를 해결하고 싶어.

🙂수현 : 네. (그리고는 잠시 놀이를 계속하다가 갑자기 손을 멈추고) 학교 그만 다니고 싶어요.

🙂훈련자 : 그래? 어째서 그러니?

🙂수현 : 기분 나쁜 일도 있고 …….

수현이는 어떤 사건에 대해 이야기하기 시작했습니다. 주위로부터 고립되어 있는 듯한 수현이도 딱히 혼자 있고 싶었던 것은 아니었어요. 며칠 전 친구들과 놀고 싶어서 큰마음을 먹고 말을 걸었지만 거절당했다고 했어요.

훈련자는 "이야기해주어서 고맙구나. 네가 용기를 내서 친구에게 말을 걸었던 건 함께 놀고 싶어서였구나"라며 수현이를 위로했습니다. 한편으로, 친구들에게 솔직히 마음을 전달한 수현이의 변화에 놀랐습니다. 하지만 안타깝게도 수현이의 마음은 상처가 많았어요.

🙂훈련자 : 장난으로 거절한 걸지도 몰라. 그래도 기분이 상하기는 해. 수현이를 싫어해서 거절한 건 아닐 거야. (희망적으로 말했지만 뭔가 마음에 걸린다.)

🙂수현 : 이유를 물어봤는데도 말을 안 해주니까 슬퍼져서 도망쳤어요.

수현이는 고개를 숙이며 말했습니다. 그 자리에 계속 있을 수 없을 만큼 괴로웠던 겁니다. 집에서는 힘든 일이 있어도 감춘다고 합니다.

학교에서 있었던 일은 일체 말하지 않는다고 해요. 이유는 부모님이 화를 낼 것만 같고, 반응이 무섭다는 거였어요.

훈련자는 "엄마도 수현이가 말해주었으면 하실 거야. 엄마는 수현 편이시거든. 분명히 함께 생각해주실 거야"라고 말했습니다.

그리고 수현이의 엄마와는 정기적으로 만나 이야기를 했습니다. 아이가 속내를 이야기할 수 있는 관계를 되찾도록 어떤 경우라도 화를 내지 말고 그저 들어주라고 부탁했습니다. 이때는 수현이의 모습이 특히 신경이 쓰였기에 상냥하게 지켜봐달라고 말씀드렸습니다.

실제 상황은 상상했던 것보다 심각했습니다. 여러 남자아이가 수현이를 따돌리려고 짜고 있었거든요. 그래도 다음 번 수업에 왔을 때 수현이의 얼굴은 아주 밝았습니다.

🧒 **수현**: 학교에서 있었던 일을 엄마한테 말했어요.

👨 **훈련자**: 말했구나. 엄마도 힘든 일은 참지 말고 이야기해주길 바라셨을 거야.

엄마의 연락으로 사태를 알게 된 학교에서는 대화의 자리를 마련해 아이들을 지도했다고 합니다. 그 결과 친구들과의 관계도 좋아지고 놀이에도 참여시켜주었다고 해요.

이를 계기로 수현이는 엄마에게 자신의 마음을 조금씩 말할 수 있게 되었습니다. 교실에도 자기가 있을 곳이 생기니 공격적인 행동은 자취를 감췄습니다.

'문제행동'이라고 간주되는 행동은 그 아이의 어떤 기분을 나타내는지를 아이의 입장에 서서 생각하는 것이 출발점입니다. 안전기지를 갖지 못해 SOS 신호로 행동하는 일이 대부분이기 때문입니다. 그 상황을 바꾸려면 안전기지를 회복하는 수밖에 없습니다. 아이가 안심하고 속내를 이야기할 수 있는 관계를 구축하고 아이의 마음에 다가가는 것부터 시작하세요.

그리고 아이에 대한 접근 이상으로 중요한 것이 엄마가 안전기지로서의 기능을 되찾도록 지원하는 일입니다. 엄마가 어떻게 아이를 대하는지에 주목하고 개선을 위해 노력하는 것이 중요하지요.

아이가 하는 행동의 결과만을 보면 부모는 아이를 꾸짖고 질책하게 됩니다. 하지만 이것은 아이의 마음을 받아주는 일과는 거리가 멀지요. 그래서 어째서 그런 행동을 하는지 배경에 자리한 아이의 마음을 아이의 시선으로 알아내고 부모에게 알기 쉽게 전달하는 일도 전문가들의 중요한 역할입니다.

아이는 부모가 생각하는 것 이상으로 과민해서 부모의 눈치나 반응을 살피는 경우가 많으니까요. 부모를 지원하면서 아이의 마음을 대변하고 사이를 회복시켜 나가면 점차 둘의 관계도 달라집니다.

대상 연령 : 전 연령

어떤 동작을 함께하면 몸과 몸이 서로 닿으면서 친밀해지기 때문에 애착을 형성하는 데 도움이 됩니다.

이 동작을 애착기반 접근과 조합하면 불안정한 부모 자녀 관계를 회복시키는 데 효과적입니다. 필자도 이런 활동을 통해 가능성과 희망을 느끼고 있습니다.

'함께 시간을 공유하기' 사례

민호는 초등학교 2학년의 남자아이입니다. 출산 후 엄마가 곧바로 일하기 시작해 일찍부터 어린이집에 맡겨졌습니다. 민호는 응석도 잘 부리지 못하고 상대방의 눈을 쳐다보지 않습니다. 새로운 환경에 적응하기 힘들었나 봅니다.

초등학교에 들어가고부터 친구들과의 사이에서 문제가 두드러졌습니다. 상대방이 자신이 공격했다고 생각해 친구를 때리는 일도 자주 있었습니다. 마음에 들지 않는 일이 있으면 소리치며 울고, 집에서도 사소한 일로 금방 소동을 일으켰습니다.

초등학교 2학년이 되자 학교 선생님에게 혼만 났고, 그것이 역효과를 일으켜 반항적인 태도가 심해졌습니다. 수업 중에 공책도 꺼내지 않고 선생님이 혼을 내도 지시에 따르지 않으며 웃을 정도입니다. 기분 나쁜 일이 있으면 친구를 때리고 수업을 방해하는 일도 늘어났지요. 학교에서 전화가 올 때마다 엄마는 엄하게 주의를 주었기 때문에 집에서도 혼만 났습니다.

차분하지 못하고 충동성이 강한 것은 ADHD를 생각하게 만들고 눈을 못 마주치거나 언어적 소통이 서투른 점은 자폐스펙트럼장애를 의심하게 할지도 모릅니다. 하지만 민호는 단순한 발달과제에 어려움이 있다기보다도 애정 부족과 방치로 인한 애착문제가 얽혀 있었다고 보입니다.

민호의 수업은 2주일에 1번 진행합니다. 민호의 수업과 다른 날에 엄마와 상담 시간도 가지면서 아이와의 관계에 대해 조언을 해왔습니다.

민호는 처음에는 눈도 잘 맞추지 않고 이야기도 하지 않은 채, 그저 자신이 하고 싶은 일만 했습니다. 많이 긴장하고 예민하며 기분의 전환도 어려운 상태였지요.

민호의 엄마는 너무 열성적인 나머지 자신의 생각을 아이에게 강요하는 면이 있었습니다. 제대로 교육하려는 마음에 정해진 것을 해내지 못하면 아이에게 화를 내는 일이 반복되었습니다. 그런 상황에서 오는 불안감이 반항적인 태도를 불러오고 사태를 더욱 악화시키고 있는 듯 보였습니다.

엄마의 고충을 이해해주면서 아이를 야단치기보다는 마음에 다가가려고 하는 편이 엄마도 더 편해진다는 것을 알려주었어요. 그러자 엄마도 진지하게 귀를 기울였고 민호의 상태도 조금씩 좋아졌습니다.

함께 놀면서 혼만 났다거나 너무 학원을 많이 다녀서 싫다는 것도 하나씩 이야기해주었지요.

한 가지 마음에 걸리는 것은 민호의 몸이 매우 긴장되어 있다는 사실이었습니다. 자폐스펙트럼장애를 가진 아이는 많이 긴장된 경향을 보이는데, 민호는 어릴 때부터 야단을 많이 맞아서 애착문제에서 오는 부분도 큰 듯했습니다. 그래서 행동과 감정 조절과 함께 애착의 안정화를 위해 수업 중 일부에 몸 동작을 적용해보았습니다.

다음은 처음 몸 동작을 도입했을 때의 모습입니다.

함께 시간을 공유하기 - 몸 동작

수업을 하면서 먼저 화이트보드에 그 날의 할 일을 적으면서 프로그램을 정하는 경우가 많습니다. 민호에게는 할 일 중 하나로 '체조'를 넣고, 본인에게도 알렸습니다.

하지만 운동을 잘 못하는 민호는 '체조'라는 말만 듣고도 거부반응을 보였습니다.

👦 **민호** : 몸 움직이는 거 싫어요.

🧑 **훈련자** : 민호는 몸이 유연하니?

👦 **민호** : 음, 중간 정도요.

🧑 **훈련자** : 선생님은 진짜 뻣뻣해.

👦 **민호** : 진짜요? (웃음)

🧑 **훈련자** : 누가 잘하는지 해보지 않을래?

🙂 민호 : 뭐, 그래요. 어떤 걸 하는데요?

🙂 훈련자 : 우선은 책상다리를 해보자.

(훈련자가 시범을 보이자 저항 없이 따라 하려고 한다.)

🙂 훈련자 : 가슴 앞에서 손을 모아.

🙂 민호 : 이렇게요? (따라하며)

🙂 훈련자 : 그렇지, 잘했어! 그 상태에서 비틀어. 이때 손은 가슴 앞에 그대로 있어야 해. 우와, 유연하네!

🙂 민호 : 더 비틀 수도 있어요.

🙂 훈련자 : 대단하다. 이번에는 선생님이 민호 뒤에서 어깨에 손을 올리고 힘이 너무 많이 들어가지 않았는지 한번 볼게. 같이 해보자. 어깨에 힘이 들어갔네. 심호흡을 해봐. 일단 여기서 멈추자.

(일단 멈추고 힘이 빠지자 몸이 유연해진다.)

🙂 훈련자 : 조금 더 해볼래?

🙂 민호 : 좋아요.

🙂 훈련자 : 굉장하네!

🙂 민호 : 더할 수도 있어요.

🙂 훈련자 : 엄마하고 같이 해보면 어떨까?

민호는 매우 기쁜 표정입니다. 다음은 천장을 바라보고 눕게 합니다. 몸의 균형이 좋아서 지시한 대로 몸을 잘 폅니다. 민호는 평소 훈련자에게 먼저 접촉하는 일이 없었는데, 이번에는 몸을 딱 붙여서 즐거워합니다. "계속 하는 거예요?"라고 물어보면서 자세 잡는 일에 저항

하지 않고 차분하게 응해줍니다. 그 후로도 스스로 자리에 앉아서 다음 프로그램에 집중했어요.

● 함께 시간을 공유하기 – 몸 동작 ●

함께 시간을 공유하기 - 가정에서

민호 엄마에게도 말씀드려 스킨십을 늘리도록 했습니다.

그러자 다음 번 수업에서 민호는 먼저 "엄마하고 매일 스트레칭을 하고 있어요"라고 말했습니다.

> 🧑 **엄마** : 저번에 알려주신 스트레칭을 가끔 해요. 목욕을 안 했을 때는 안아서 가는데, 안아주는 걸 좋아하는 것 같았어요.

> 🧑 **훈련자** : 응석을 부리고 싶은 거지요. 스킨십을 많이 해주세요.

> 🧑 **엄마** : 네. 지금도 식사를 늦게 하면 아빠가 혼을 내는데, 저랑 민호만 남아서 같이 천천히 먹어요. 그래도 괜찮을까요?

> 🧑 **훈련자** : 좋다고 생각해요. 엄마도 함께 있다는 것 자체가요.

> 🧑 **엄마** : 아이가 이야기를 아주 잘해요. 아주 밤을 샐 기세로 수다를 떨어요. 그래서 할머니는 주의를 주는데, 빨리 먹이거나 일찍 재우려고 하지 않고 이야기하는 시간을 소중히 하려고 해요.

그 후 민호는 "엄마한테 이야기를 자주 해요. 혼나는 일이 줄어들었어요"라고 말했습니다. 훈련자는 민호 엄마에게 "감정적으로 화내지 않고 아이의 기분에 맞춰 이야기를 잘 들어주거나 공감해주는 자세가 중요해요"라고 몇 번이나 말했습니다.

민호 엄마 스스로도 열심히 자녀와 마주하고 접근방식을 바꾼 것 같았어요. 그렇게 엄마와 아이가 성장하는 모습에서 훈련자도 용기와 희망을 느낍니다.

모든 아이는
성장할 힘을 가지고 있습니다

오랜 세월 동안 여러 아이들의 성장을 옆에서 지켜보면서 아이는 언제라도 바뀌며 성장할 힘을 갖고 있다는 걸 알게 되었습니다.

또래 아이들의 성장을 따라가지 못해 '문제아' 취급을 당하거나 홀로 외로이 겉돌던 아이라도 옆에서 올바른 방법으로 다가가면 정상 아이들처럼 성장하고, 밝고 활기차게 친구와 사귀면서 자신감을 되찾을 수 있습니다. 하지만 잘못된 방법으로 다가가면 악순환으로 이어져서 비극적인 상황까지 이를 수도 있습니다.

같은 아이인데 어떻게 이렇게 다른 결과가 나오는 걸까요?

제 경험은 그런 의문에서 시작되었습니다. 발달 훈련 역시 마찬가지입니다. 훈련을 즐기다보면 눈에 띄게 성장하기도 하지만, 방법이 잘못되면 아이에게 고통을 강요하는 것과 같아서 점점 자신감을 잃게 만들기도 합니다. 앞에서 거듭 이야기했듯이 아이의 주체성을 중시하면서 즐겁게 진행하는 것이야말로 아이의 성장에 가장 중요합니다.

그러기 위해서 아이에게 마음을 다하고 수고로움을 아끼지 마세요. 아이들의 어린 시절은 그 무엇과도 바꿀 수 없을 만큼 아주 중요하니까요. 피아노를 잘 치게 해주는 약이 존재하지 않듯이 발달과제를 약이나 무슨 마법 같은 방법으로 해결할 수는 없습니다. 오직 꾸준한 훈련만이 답입니다.

따라서 아이에게 훈련하는 시간을 힘들고 고통스럽게 만들지 말아주십시오. 즐기면서 배우는 멋진 기회로 만들어 주십시오. 그렇게 되면 아이한테 있어 훈련이란 엄마나 아빠, 훈련자 언니, 형들이 자신을 있는 그대로 인정해 주는 시간이라고 마음에 남을 것입니다. 아니, 꼭 그러기를 바랍니다.

이 책이 아이의 내재된 힘을 최대한 살리는 데 조금이나마 도움이 되었으면 합니다. 책의 끝에서나마 바쁜 와중에 집필에 노고를 아끼지 않고 협조해주신 임상발달심리사들, 관계자들 그리고 편집에 수고해준 PHP연구소에도 진심으로 감사드립니다.

2017년 봄,
오카다 다카시

아이에게 굳건한 '안전기지'가
되고 싶은 부모님께 적극 추천합니다

아이를 낳고 기르기 전과 후를 비교해본다면, 부모들 입장에서 세계관이나 뭔가를 바라보는 관점이나 관심사 등이 꽤 달라지지 않았을까 싶습니다. 그리고 지금껏 당연하게 여겨온 일들이 경이롭거나 신비롭게 다가오기도 하고, 반대로 걱정되기도 할 것입니다. 아이들을 키우며 발달과정을 보다보면 자연스레 놀라움과 기쁨, 안타까움과 응원하고 싶은 마음이 솟아납니다. 몸을 뒤집고, 기고, 스스로 앉고, 서서 걷고, 옹알이를 하고, 감정을 공유하며 자기표현을 하는 모습을 천천히 지켜보면서 '아, 이 한 가지를 해내려고 아이는 무척이나 열심히 구르고 넘어지고 소리를 지르고 있었구나' 싶어 뭉클해지기도 합니다.

그리고 점차 알게 됩니다. 아이들은 모두 다르다는 것을.

아이마다 발달의 속도도 다르고, 발달에서 먼저 능력을 발휘하는 분야도 다르고 기질도 다릅니다. 사실, 첫째 아이에게 장난감을 사주었을 때 제가 상상했던 반응을 아이가 보여준 경우는 거의 없었습니다. '다른 아이들은 모두 좋아하는 것이니, 이렇게 함께 가지고 놀면 되겠지?', '어린이 뮤지컬을 보러 가면 신나겠지?' 등의 예상들은 보기 좋게 빗나갔습니다. 처음에는 당혹스럽기도 했지만 시간이 흐르면서 아이의 특성을 인정하게 되었습니다.

아이들의 발달은 저마다의 스타일과 속도로 나아가지만, 발달과제에 어려움을 가진 경우도 상당히 많습니다. 운동능력이나 언어 능력, 사회성 등 다양한 면에서 골고루 발달하면 좋겠지만, 어느 하나가 늦거나 꽤 오래도록 또래에 비해 부족한 경우도 있습니다. 그때는 도움과 개입이 필요합니다. 특히 요즘은 많은 부모가 적극적으로 도움을 주고 발달을 이끌어내려는 자세를 가지고 있습니다. 저 역시 그렇습니다. 하지만 실제로는 아이를 어떻게 대하고 놀아주면 되는지 막막할 때가 많습니다.

이 책은 그럴 때 힌트를 얻기에 아주 유용합니다. 주의력, 언어 능력, 사회성, 계획능력과 통합능력 등 각 주제별로 아이의 취약점을 확인할 수 있는 체크리스트와 함께 도움이 되는 훈련 방법을 소개하고 있습니다. 유능한 훈련자들이 발달과제에 어려움이 있는 아이들에게 어떻게 다가가고 그들과 관심사를 공유하면서, 어떻게 잠재된 능력을 이끌어내는지 자세히 알 수 있습니다.

물론 앞에서도 여러 번 강조하는데, 아이가 자신의 능력을 최대한 발휘할 때는 '편안하고 즐거울 때'라는 것을 누누이 강조하고 있습니다. 그러니 발달과제의 어려움을 급하게 해결하려는 생각으로 아이에게 억지로 무언가를 시키지 말라고 합니다. 부모나 훈련자의 관심사로 끌고 가려고만 해서는 결코 성과를 얻을 수 없다고 말입니다.

아이들에게는 각자의 세계가 있습니다. 어른이 먼저 그 세계를 인정해야 아이도 어른의 세계를 바라봐줍니다. 비단 이 책이 아니더라도 아이를 키워본 사람은 경험을 통해 공감할 것입니다.

그리고 무엇보다도 아이들의 능력이나 발달이 정확하게 정해져 있거나 멈춰져 있지 않다는 사실을 항상 기억해야 합니다. 저자가 자전거 타기와 피아노 치기에 비유했듯이 효과적인 연습을 통해 뇌에 회로가 만들어지면 자연스럽게 능숙해질 수 있습니다.

발달과제에 어려움이 있는 아이를 양육하는 부모는 생각보다 많은 어려움에 맞닥뜨립니다. 경제적으로나 체력적으로도 힘들지만, 무엇보다 심리적으로 '매일 천국과 지옥을 맛본다'고 할 만큼 아이의 행동 하나하나에 기분이 좌우되기도 합니다. 그렇다면 타인들로부터 이해받거나 지지받기 힘든 자신을 바라봐야 하고, 뜻대로 잘 되지 않는 체험을 계속해야 하는 아이 심정은 어떨까요?

아무리 힘든 상황에 놓인 사람이라도 자신을 진정으로 받아들이고 지지하는 누군가가 단 한 명이라도 있다면 버티고 나아갈 힘을 얻을 수 있다고 믿습니다. 되돌아보면 항상 같은 자리에서 믿고 응원해주는 존재, 늘 마음에 위로가 되는 편안한 존재, 그것이 바로 '안전기지'가 아닐까 싶습니다. 아이뿐만 아니라 어른에게도 안전기지는 꼭 필요합니다. 더구나 어른보다 세상이 조금 더 낯선 어린 아이들에게 마음 편히 쉴 '안전기지'는 생명만큼이나 소중합니다.

그런 의미에서 이 책을 아이가 가진 발달과제 어려움의 경중(輕重)을 떠나, 아이와 조금 더 교감하고 굳건한 '안전기지'가 되고 싶은 분들께 적극 추천합니다.

세상의 모든 아이가 든든한 울타리 안에서 반짝이는 눈으로 앞으로 마주할 세계에 대한 호기심과 기대감을 지켜나갈 수 있기를 바랍니다.

황미숙

| 주요 참고문헌 |

- DSM-5 정신질환의 진단 및 통계편람 / American Psychiatric Association
  『DSM-5 精神疾患の診断・統計マニュアル』 American Psychiatric Association編　日本精神神経学会日本語版用語監修　高橋三郎, 大野裕監訳, 染矢俊幸, 神庭重信, 尾崎紀夫, 三村將, 村井俊哉訳　医学書院　2014

- SCERTS 모델(자폐 범주성 장애 아동을 위한 종합적 교육 접근): 1 진단, 2 프로그램 계획 및 중재 / Barry M. Prizant, Army M. Wetherby, Emily Rubin, Amy C. Laurent, Patrick J. Rydell
  『SCERTSモデル：自閉症スペクトラム障害の子どもたちのための包括的教育アプローチ　1巻アセスメント, 2巻プログラムの計画と介入』 バリー・M・プリザント他著　長崎勤, 吉田仰希, 中野真史訳　日本文化科学社　2010

- Relationship Development Intervention with Young Children / Steven E. Gutstein, and Rachelle K. Sheely
  『自閉症・アスペルガー症候群のRDIアクティビティ【子ども編】—家庭・保育園・幼稚園・学校でできる発達支援プログラム』スティーブン・E・ガットステイン, レイチェル・K・シーリー著　榊原洋一監訳 小川由紀野, ティスマ彰子訳 明石書店　2009

- 비언어성 학습장애, 아스퍼거 장애 아동을 잘 키우는 방법 / Kathryn Stewart
  『アスペルガー症候群と非言語性学習障害　子どもたちとその親のために』 キャスリン・スチュワート著 榊原洋一, 小野次朗編訳 明石書店　2004

- WORKING MEMORY AND LEARNING: A Practical Guide for Teachers / Susan Gathercole, Tracy Packiam Alloway
  『ワーキングメモリーと学習指導　教師のための実践ガイド』S・E・ギャザコール, T・P・アロウェイ著 湯澤正通, 湯澤美紀訳 北大路書房 2009

- 말 키우기-발달이 늦은 아이를 위해 / 나카가와 노부코 / 부도샤
  『ことばをはぐくむ　発達に遅れのある子どもたちのために』 中川信子　ぶどう社　1986

- INREAL 어프로치 아동과의 풍부한 의사소통 구축하기 / 다케다 게이치, 사토미 게이코 / 니혼분카카가구샤

『インリアル・アプローチ　子どもとの豊かなコミュニケーションを築く』　竹田契一、里見恵子 編著　日本文化科学社　1994

- 애착장애(어린시절에서 벗어나지 못하는 사람들) / 오카다 다카시 / 고분샤
『愛着障害　子ども時代を引きずる人たち』　岡田尊司　光文社新書　2011

- 애착수업(나를 돌보는 게 서툰 어른을 위한) / 오카다 다카시 / 고분샤
『愛着障害の克服　「愛着アプローチ」で、人は変れる』　岡田尊司　光文社新書　2016

- Frances Prevatt & Abigail Levrini, "ADHD Coaching: A Guide for Mental Health Professionals" American Psychological Association, 2015

- Jonathan Tarbox, Dennis R. Dixon, Peter Sturmey & Johnny L. Matson, "Handbook of Early Intervention for Autism Spectrum Disorders: Research, Policy, and Practice" Springer, 2014

- Jennifer L. Holland, "Train the Brain to Hear: Brain Training Techniques to Treat Auditory Processing Disorders in Kids with ADD/ADHD, Low Spectrum Autism, and Auditory Processing Disorders" Universal Publishers, 2011

- Sally Ozonoff, Geraldine Dawson & James Mcpartland, "A Parent's Guide to Asperger Syndrome & High-functioning Autism: How to Meet the Challenges and Help Your Child Thrive" Guilford Press, 2009

- Bruce F. Pennington "Diagnosing Learning Disorders Second Edition: A Neuropsychological Framework" Guilford Press, 2009

- Cornelia Jantzen "Dyslexia Learning Disorder or Creative Gift?" translated by Matthew Barton, Floris Book, 2009

- Judy Willis, "How Your Child Learns Best: Brain-Friendly Strategies You Can Use To Ignite Your Child's Learning and Increase School Success" SourceBooks, 2008

조금 느린 아이를 위한
발달놀이 육아법

초판 1쇄 발행 2018년 4월 15일
초판 8쇄 발행 2022년 2월 25일

지은이 오카다 다카시
옮긴이 황미숙
펴낸이 정용수

사업총괄 장충상
편집장 김민정 편집 조혜린
디자인 씨오디
영업·마케팅 윤석오
제작 김동명
관리 윤지연

펴낸곳 ㈜예문아카이브
출판등록 2016년 8월 8일 제2016-000240호
주소 서울시 마포구 동교로18길 10 2층(서교동 465-4)
문의전화 02-2038-3372 주문전화 031-955-0550 팩스 031-955-0660
이메일 archive.rights@gmail.com 홈페이지 ymarchive.com
블로그 blog.naver.com/yeamoonsa3 인스타그램 yeamoon.arv

한국어판 출판권 ⓒ ㈜예문아카이브, 2018
ISBN 979-11-87749-71-4 03590